**捧 读**

触及身心的阅读

# 我的富翁计划

하고 싶은 것을 하기 위해서, 오늘부터 시작한다

〔韩〕金艺谙 著　梁超 译

南方出版社

海口

版权合同登记号：图字30-2022-057

图书在版编目（CIP）数据

我的富翁计划 / (韩) 金艺谙著；梁超译. — 海口:

南方出版社, 2022.12

ISBN 978-7-5501-7754-3

Ⅰ.①我… Ⅱ.①金… ②梁… Ⅲ.①成功心理 – 通

俗读物 Ⅳ.①B848.4-49

中国版本图书馆CIP数据核字(2022)第165011号

# 我的富翁计划

WO DE FUWENG JIHUA

〔韩〕金艺谙【著】梁超【译】

- - - - - - - - - - - - - - - - - - - - - - - - - - - - - - - - - - -

责任编辑：　姜朝阳
封面设计：　陈旭麟 @AllenChan_cxl
出版发行：　南方出版社
邮政编码：　570208
社　　址：　海南省海口市和平大道70号
电　　话：　(0898) 66160822
传　　真：　(0898) 66160830
经　　销：　全国新华书店
印　　刷：　天津创先河普业印刷有限公司
开　　本：　880mm×1230mm　1/32
印　　张：　6.5
字　　数：　123千字
版　　次：　2022年12月第1版　2022年12月第1次印刷
定　　价：　58.00元

# 目　录
CONTENTS

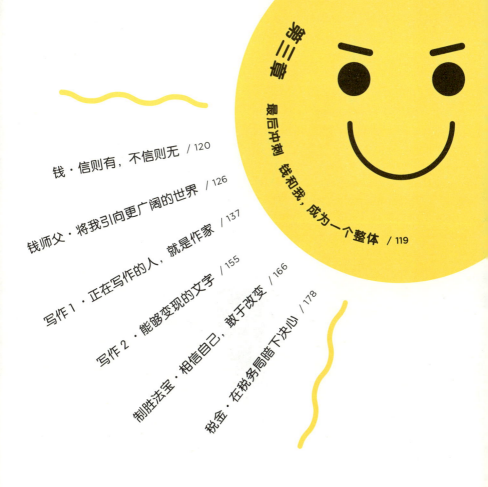

金钱不仅仅是一种可以买到东西的交换物，

还可以提供给我机会去做我想做的事。

金钱的世界里存在着明确的公式。

如果你按照公式去做，

钱真的会给你回应。

从今天开始就需要努力学习，

不要再问"怎么花钱"，

而应该多多关心"怎么挣钱"！

在成为大文豪之前，先成为大富豪吧。

# 序 言

## 一张 480 万韩元的年收入证明，让我开始重新认识金钱

2019 年的夏天。

我租的全税房[1]还有几个月就要到期了，我于是去了银行谈购房贷款事宜。现在贷款利率大幅下调，而且不久之后我也即将迎来 40 岁生日，想给自己买下人生的第一套房子。虽然这个地方不是什么投资热土，但可以贷款房子总价的 70% 也是不错的。（2020 年 6 月 17 日，韩国不动产政策公布，富川[2]成为政策调整地区，贷款条件和贷款限额都有所变化。）

"买房就得跑断腿。"这句话说得一点都没错，连着几个月，我勤快地穿梭在各个小区中。看看这套，又看看那套，最

---

1  韩国有着被称为"全税"和"月税"的独特租房制度。所谓"全税"，是向房东一次性交付押金，每月不用再支付月租的一种租房制度，期满后，房东将押金全额退还，租客相当于免费入住。全税房的押金一般都会很高，房东可以将押金用于投资。"月税"则是每月按时交纳房租。

2  位于韩国首尔特别市西部地区，是连接首尔和重要港口仁川市的纽带。

后在富川地铁站附近看到了一套急售的13年房龄的三室小洋房，是命运让我们相遇了。

我会不会也拥有属于自己的房子呢？我心里一边想着，一边急急忙忙地准备好贷款所需的文件，奔向银行。但银行柜员看完我的年收入证明，表情很微妙。

"所以说……这是……四百……八十万……韩元，对吗？"

如今，韩国的人均国民总收入（GNI）已经超过了3万美元（约3335万韩元），而我能提供的只有一张480万韩元的年收入证明，这简直太让人难以置信了。可那又能怎样呢？这就是我2018年的年收入，写得明明白白。我怕旁边窗口的人听到我这既微薄又有些可爱的收入，已经尽最大努力压低了声音，还逞强辩解着。

"不是，我去年拿到的合同押金明明是800万啊……我也不知道现在怎么变成480万了。"

我是一名作家，我创作的剧本改编的电视剧如果大卖，那么情况就会大有不同。我本想和柜员说一下这个情况，可是他的眼神仿佛在问我："到底是480万，还是800万？"他对我这个作家的眼神毫无回应，表现出一副专业的姿态，很是坚定。

"如果这样的话，鉴于 DTI……您可能很难贷出您希望的金额。"

"啊？ D……DTI？"

"总负债偿还比。最近贷款规定很严格，贷款金额根据年收入的不同，有所限制……简单来说，就是看您的收入，来决定您贷款金额的上限是多少……（郁闷）您没有劳务费这种其他收入吗？"

"啊？啊……我……我从去年开始创作电视剧剧本……所以一直在写作……"

柜员摇着头，好像告诉我那就没办法了。我就像一个得了零分的小学生，垂头丧气。年收入都不到 500 万，还痴心妄想买房子……真是丢尽了脸面。

几个月的时间，我足足跑了 11 处房源，为了买下人生第一套房子到处奔波，而这一切的努力都化为泡影。本以为不用再担心每两年就要卷铺盖搬一次家，还想着要用书填满我的整个客厅，在只属于我的空间写出好的作品。我还计划留出一个房间，把它挂到共享民宿中介网站上，给贫困的旅行者们提供一个安全的休息区。现在，这些愿望在一瞬间都落空了。

我清醒了。

金钱不仅仅是一种可以买到东西的交换物，还可以提供给我机会去做我想做的事。

沉浸在美梦中的我耗时耗力制订的计划，就这样一下子被一张年收入证明所夺走。看着这张证明，我平生第一次认认真真地开始考虑关于金钱的问题。

钱，钱是什么？
钱，没有人对我正经地说过它，我也从未认真想过。
钱，明明和我共存，但它好像从未正眼看过我。

回想过去，我和钱好像谈了一场错误的恋爱。我按照我的想法，做着我想做的事，自由自在地生活。但说实话，我一直被钱所限制，它总把我拉向另一个方向。每个月的 25 日是信用卡还款的日子，每当大限临近，我就想着如何能够让这一天慢一点到来。别说储蓄了，这种借钱花的日子到底什么时候才是个头？每当想起这些，我的心里就极为不安。但即便如此，搞文学创作的人也看不上这种只知道挣钱的功利思想。

如果没有钱，就不能给喜欢的人提供物质和精神的满足，

金艺谱和MONEY的相亲大会

光这一点就很让人难过。我的爸爸在做保安，他已经年近 70 岁了。父母中如果有一人生病，我又能为他们做点什么呢？朋友结婚、搬家、怀孕、孩子的周岁宴，朋友孩子和我外甥的生日，每当这些事临近，我实在很难表现出开心。年近 40 岁的我，可能会一个人度过一生，而我的作品也可能一辈子都不能获得成功，真是可悲。我也许连自己都养活不了。一想到这些，我的眼前一片漆黑。

怎么办啊？我现在应该做点什么啊？

在商业社会中，比起熬夜写一封信，一张写满数字的账单可能杀伤力更强。我本着对自己负责的原则，开始认真思考起关于金钱的问题。是啊，在成为大文豪之前，先成为大富豪吧。这样才能启动属于我自己的计划。

年收入 480 万韩元，
贫穷作家成为大文豪的计划。

制定好目标之后，首先要按照我自己的方式，每天去图书馆阅读经济新闻和与金钱相关的图书。以前除了文学书之外，我觉得其他的书都不值一提。我年收入这么少可能也和这幼稚的想法有关吧。钱的世界比我想象得更加宽广、复杂、艰难，但也更有趣。

我已经学习了一年，现在的月收入已经接近以前的年收入。我已经有了属于自己的房子和可以集中精力写作的办公室。我自身也有了很大的变化。

　　我已经不用再为了省钱而只点最便宜的菜，也不用再为了还下个月的账单而战战兢兢。如果有喜欢的作家出了书，我不仅可以买给自己，也可以开开心心地买下送给朋友。以前因为缺钱耗费的精力，如今都可以投入在写作上了。以前给予过我恩惠的人，如今我可以用钱来报答他们了。这些就是钱带给我最大的快乐。

　　以前对于未来和老年生活，我光是想想就觉得不安。而现在我知道如何赚钱，如何长久地与钱为伴，做到了心中有数，所以对未来也不再恐惧。

　　总有人嘲讽说，掉进钱眼里的作家推荐的方法不可取，而我却深切感受到，原先被钱拽着走的我，如今可以稍稍摆正自己的位置了，我和钱的关系也变得更加深厚了。

要变成吸金体质！

**第一章**

**生钱有道 "见钱眼开"**

## 原始资金 · 妈妈的攒钱妙招

1999 年，蔚山市蔚山郡城郊的一处公寓打出了"交全税金即可直接入住"的宣传标语，于是我们全家便搬进了这个公寓。在此之前，妈妈每天晚上回家都要独自走在黑漆漆的巷子中。

下午 3 点到凌晨 2 点，妈妈在工业塔环路的一处名叫赛食丰的小酒馆后厨打工，一天中有一半时间要给那些喝醉的人备酒、刷碗。每个月有两天休息日。除了这两天，妈妈为了节省2000 元的打车补贴，都会在下班之后独自走在漆黑的夜里。

我那时还是个初中生，心里很是难过。

当时的我就是个中二病<sup>1</sup>少女。大家都知道，没有药物可

---

1　中二病，网络流行词，该词源于日本，"中二"即初中二年级的意思。"中二病"指的是青春期少年特有的自以为是的思想、行动和价值观。

以治疗中二病。那时候我极其厌世，讨厌父亲和老师，想痛扁这世界上的所有人。我的朋友们也都有中二病，他们聚集在我家，偷偷地化妆、吸烟，专门做那些15岁孩子不被允许做的事情。自从小学五年级的时候我们家搬来蔚山，住着狭窄的半地下两居室，我一开始很难为情，不愿意请同学到家里做客。但在我们那个年纪，大家都想有一个属于自己的根据地，白天父母不在家，家里刚好可以作为据点，我也就没有什么不好意思的了。

每天下午3点，妈妈就会往家里的冰箱装满我最喜欢的葡萄和番茄，然后再去赛食丰工作。下班之后，她再将得到的2000韩元打车补贴装进兜里，独自走25分钟左右的夜路回家。我好几次在大门前等着妈妈和姐姐。每当这个时候，妈妈都会对我说："天气那么冷，干吗出来等啊？"但她心里还是美滋滋的。即使我不出来等，妈妈也很喜欢我。哪怕我学习不好，品行不端，不听话，但奇怪的是，妈妈就是喜欢我。就这样，妈妈用攒了好几年的打车补贴，给我买了我梦寐以求的可以唱歌的电脑。

那台电脑还是价值200多万的奔腾486。当时我和姐姐一起住在一间狭窄的屋子里，以那时的条件，能够买下这台电脑简直想都不敢想。而正是妈妈将这一张张皱皱巴巴的1000韩元攒起来，才买下了这台电脑。

每日 2000 韩元 ×30 天 =60000 韩元
60000 韩元 ×12 个月 =720000 韩元
720000 韩元 ×3 年 =2160000 韩元

这就是将不起眼的小钱一点点积累起来所创造的奇迹。

"我就是从那时开始反思过去的行为，顺利拿下了 BASIC 资格证一级，参加了各种计算机编程比赛还获了奖，开始被人追捧为小比尔·盖茨……"

如果我有机会说以上这些话就好了，但可惜的是我并没有变得更懂事，也没有学习的天赋。即使妈妈不和我一起生活，也从不吝啬对我的投资。我在计算机培训班学习了几年，到底也没能理解 BASIC 语言，一而再再而三地听课也还是不会。但我深深陷入 Hanme 打字软件不能自拔。

Hanme 打字软件不需要任何的理解和背诵，只需要输入从天而降的字，将其构成一座威尼斯城堡，就可以感受到敲打机械式键盘的轻快触感，像法国小说家阿尔丰斯·都德在输入短篇小说一般爽快。如果你打字的速度够快，别人就会认为你特别擅长电脑，所以只要对着电脑看似认真地做点什么，就可以轻松地骗过妈妈。这样一来，我的打字实力就可以称得上是键盘上的孙烈音[1]，每分钟500个韩文的惊人打字速度再配上光速一般的486电脑，将我带到了计算机通信的世界。

计算机通信的世界听名字就知道离我很遥远，其中被称为"计算机通信之花"的聊天室又是一个多么神秘的世界啊！现在，我即使没有秘密根据地，也可以和全国各地的中二病患者一起通宵骂老师，聊成人话题了！进入了新世界的我，每天和一帮喜爱网络的夜猫子一起敲击键盘，如果在凌晨2点时闻到油炸食品的味道，听到妈妈回来的动静，我就会赶紧关掉已经发烫的显示器，像微软公司的新员工那样伸一伸懒腰。

这种欺骗行为在我进入高中后也没有任何改变，我反而学会了利用电脑伪造成绩单，这也给我和学业之间竖起了一座高墙。我的日常生活并没有什么变化，妈妈的日子也没有大的改变。赛食丰因为经营不善关店了，妈妈就到女人们经常出入的练歌房的后厨打工，从晚上7点工作到第二天早上7点。休息日依旧是一个月两天。每月的120万韩元工资节省着花，能存下10万或15万，还买了基金。这样攒下来的钱就成了我和姐姐的大学学费。

---

1　韩国钢琴演奏家。

那时我也一下子提起了精神，父母说"学技术比学艺术强"，我也听了他们的话，选择了口腔医学专业。步入大学让我第一次在他乡开始了自炊生活，也给我这样一个小混子插上了更加自由的翅膀。

我的肉身忽然得到了自由，这让我更加放肆地咀嚼、撕扯、品尝这种自由，整个大学期间一直和男朋友在一起玩。三年来，我们一直是校园情侣，出租屋就是最好的根据地。在学校，每次去图书馆借书时，我就顺便用空瓶子去接净水器里的水。就这样，我以平均绩点不到3分的成绩毕业了，不管怎样也算成了社会人。然后我就又得病了，这个病来自日本，叫"全部痛"，用韩文讲就是"全都讨厌"病。进入职场，如果谁不合我的心意，我就撂挑子不干了；如果这个工作和我预想的不一样，我也不干了；我有时还因为早上起不来就不去上班了。

就这样，我的生活乱成了一锅粥，整个20多岁就这么过去了，不知不觉就大步迈进了30岁的大门。虽然到了30岁，可我还是会在明知道聚会结束了的情况下，魂不守舍地喊出"派对现在才正式开始"这样的话；别人都嫁人搬到公寓去了，我还在首尔的朋友家里寄宿，然后写作。我活到现在从来没有因为写作得过什么奖，甚至连日记都没有好好写过。至今为止我都不明白自己怎么会成为一名作家。

我把写作当成借口，整日游手好闲，虽然凭借着别人的帮助和老天给我的运气成功出了书，但这并不足以让我养活自己。惊人的是，出书之后的生活更加窘迫了。光凭写作是没有办法填饱肚子的，我只能又去上班了。本想利用下班时间进行写作，但疲惫不堪的我是这也不能干，那也不能做。本想努努力，好好写作出书，然而并没有成功。被逼无奈的我只能去海外寻找打工的机会，但我没有就此放弃，依然咬牙坚持写作，最终把挣的钱全都搭了进去，成了年收入480万韩元的贫穷作家。

　　到了四十岁，就已经不再是可以靠借口混日子的年纪了。如果依旧是这种状态，回到家乡会感觉很伤自尊。但留在这里，靠贷款1亿韩元住上洋房这件事凭我的力量也是无法做到的……自愧感油然而生。每当我心里不舒服的时候，妈妈就会给我打来电话。现在连我都讨厌我自己了，可妈妈依旧爱着我，还问我到底缺多少钱。每到这个时候，我就意识到自己是一个多么不值得投资的项目，可妈妈还是手握着存款，让我说到底缺多少钱。可是妈妈，哎——等一下！

　　我的爸爸在公寓做保安。
　　姐姐和姐夫都在职场工作，爸爸需要照顾姐姐的儿子，姐姐每月给他70万韩元的零花钱。

妈妈的国民年金[1]只有区区 33 万韩元，不知道她是从哪儿弄到的钱。

我现在总算弄明白当时听说的原始资金到底是什么了。

原始资金：

指拿出某些钱的一部分，存一定的期限，用来更好地投资或者消费的本钱。

"用来更好地投资或消费"形容得比较模糊，但如果想做点什么，我想最少也需要 1000 万。我总是在想：怎么才能攒够 1000 万？要想一年内攒够 1000 万，那每个月就需要攒下 80 万吧。每个月挣 200 万都不够花的，怎么能攒下来 80 万呢？想想就提前放弃了。

财富的积累是一个漫长的过程，

而原始资金就像一粒小小的种子，生根发芽后，就能长成参天大树。

种子是很小的，要想培育种子就需要花费时间。

将财富的积累比喻成种子生根发芽，我们所关注的并不是

---

1　国民年金，即国民养老金，是韩国社会保障制度的一环，指在公民年老、残疾或死亡时，由国家支付的金额。——译者注

"财富"本身，而是小小的"种子"。

　　妈妈每天为了节省2000韩元去走夜路，加上其他地方节省下来的钱，一个月就能有条不紊地攒下10万韩元、20万韩元。于是妈妈一下子就拿出了3500万韩元，借给了想买人生第一套房子的女儿。一想到妈妈如此辛苦地攒种子资金，我就又下定决心，再次开启了我的打工生涯。

　　早晨7点，我充分利用上班前的时间，坐在书桌前敲打着键盘，写下了这篇文字。我希望这些文字可以在未来的某个时候生根发芽，成为属于我自己的种子。我敲击着键盘，就像在一下一下地翻整着土地。

## 月薪·200 万韩元的力量

我想通过写作谋生。

写作是我人生中很重要的事。我从 30 岁开始写作，如今已经 39 岁了，可我依旧把写作当成事业。即使如此，我至今也不能通过写作来谋生。虽然听起来有一点点难过，但这也是没有办法的事。不仅仅是韩国，在世界的任何地方，能够通过挣版税谋生的作家都是少而又少。现在读书的人越来越少了，看到城市中的书店逐渐消失，大家也并不会过于惊讶。

然而，人就是一种会为了实现某个愿望而一直坚持下去的物种。我每天都在祈祷：

我想通过写作谋生，

请让我通过写作谋生吧！

"自助者天必助之。"仔细品味，这句话其实是在告诉我们，最终还是需要自己去解决问题。只有自己帮助自己，上天才会给我机会。写作也是同理。坐着码字就是我的自信来源。这是我的梦想，我依旧不会放弃。

我想通过写作谋生。

想通过写作，
来谋生。

把一句话切分成两部分。
仔细琢磨一下这两句话。

写作
谋生

写作，是啊，写作就是我的最爱。

谋生，嗯……做着我最爱的事来维持生计，可是现在并不能实现。那么要做点什么才能养活自己呢？仅仅为了养活自己，那方法可太多了。可以在饭店打工，也可以去便利店打工。不，比起去打工，还不如去做牙医呢，况且我还有口腔医学专业的学习经历。好吧，马上去牙科医院找份工作吧。

这么一想，事情就变得出乎意料的简单。可能是以前我过分执着于通过写作来谋生，所以做不到就会非常抑郁。我为什么不能通过写作谋生呢？光想想就觉得非常愤慨。

我写得真的很认真……我已经付出了我整个人生……为什么还是不行……

这世界真是不公平。让一切都毁灭吧……

我愤怒至极，我讨厌这个让我看不透的世界。我一边哭着，一边吃着芥末。我做着其他工作，只能用零散的时间来写作。一想到这，就让我感到非常凄凉。

但这一次不同，我有目标了。

"成为大文豪之前，先做大富豪。"

如果成了大富豪，即使写得再不好，也没有理由让我抑郁了。不管我写得怎么样，只要我想写，我可以在任何地方随便写。为了实现这个梦想，我现在在做的牙科实习生，对我来说就只是一个暂时的工作而已。

那到何时为止呢？到我成为大富豪为止！

好吧。那就重新做回牙科实习生的工作，用剩下来的时间来写作吧。这样一定会很辛苦吧，当然会辛苦，但没钱带来的压力会让我更加辛苦。就先向前看吧，需要我思考的东西还多着呢。牙科实习生、作家、共享民宿的房主，我得想想如何有效地分配时间来扮演好这三个角色。做好世上的事取决于自己的决心，虽然现在的状况比起以前更加复杂，但这一次我下定决心要寻找自我。在上天帮助我之前，我要先帮助我自己！

　　实际上我这么着急赚钱有自己的理由。不久以前，我签下了比银行评估价还便宜的一套小洋房，规定 3 个月后支付尾款。银行贷款[1]、妈妈给的原始资金，再加上我的全部资产，凑一凑可以交上尾款。但还有一些没有想到的费用，譬如买房子需要交纳的契税、登记费、不动产中介费、法务手续费等，各种各样的费用像维也纳香肠[2]一般朝我袭来。这是我人生中的第一次不动产交易，因此我对税金没有什么概念。另外，我也没什么时间去了解这些。对我来说，能够养活自己才是最重要的。

　　因为我有过工作经验，找一份牙科诊所的工作并不难，而且我运气也特别好。我家一直认为"学技术比学艺术强"，甚

1　按照韩国首套房子的贷款比例，正常有工作的职场人士可以贷款总房款的 70%~80%，但是因为作者当时没有工作且年收入少，所以只贷款了 40%。

2　维也纳香肠是一种煮过的乳化烟熏香肠。该香肠是一个接一个连接起来的形态，作者以此比喻费用接连不断。

至还强迫我考了一类普通驾驶证[1]。这种家庭氛围使我迈入了牙科这一行当，从开始学习到入行也有十年了。从最基本的前台工作，到浅显的技术业务，再到担任商谈部门主管，这一连串的经历让我觉得重新回到牙科领域易如反掌……

但我离开牙科已经太久了，岁数也越来越大。如今这个行业，据说十年内就能产生两轮翻天覆地的变化。作为一名作家，38 岁（2019 年）的年纪只能算是刚刚入门，但在牙科界，以38 岁的年纪去做实习生，确实会给人带来负担。在牙科工作的人大部分都是 20 岁到 30 出头的女性。虽然对我来说没什么，但对对方来说，去支使一位比自己年长的实习生干这干那，还是有负担的。并且年纪大了，经验也多了，做同样的工作，需要给的报酬也就要更多。

果不其然，当我怀着激动的心情给我家附近贴出招聘实习生公告的牙科诊所拨打咨询电话时，对方一听到我的年纪，立马就拒绝了。虽然我很郁闷，但也不能因为受了点挫折就一蹶不振。活到我这个年纪，已经知道世界上不是所有人都能让自己称心如意了。如果现在有地方让我去面试，那我会无条件地去，行跪拜大礼也没关系。

---

1  韩国的一类驾驶证分为大型、普通、小型、特殊驾照等。其中，普通类可以开轿车、15 人以下的面包车、摩托车等。

问：你想什么时候来？

答：我想在这最忙的时候来。


问：一周你想来几次？

答：看诊所的情况。


问：您想要多少薪酬？

答：我已经离职太久了，给别人多少也给我多少就行。


问：但你的经历很丰富，难道没有希望的薪酬吗？

答：没有。我只想尽最大努力好好工作。


我就这样被录取了。

周一和周三有夜诊，从上午9点工作到晚上9点；周二、周四和周日休息；周五和周六工作。夜诊虽然很辛苦，但一周只需要工作四天。休息的时候可以专心写作，对我来说没有什么不好的。实习期间的工资是180万，虽然比起几年前当商谈部门主管的时候少了很多，但现在并不是追究工资多少的时候。不管怎样，要给大家看看我的赚钱能力，几个月后再行协商也可。就像那些致富书籍中提到的，比别人早去30分钟，即使没有患者，也要到处看看。工作还没到一个月，我的工资就已经涨到了 200 万韩元。

"蜗牛虽然爬得慢，但不会迟到。"这句话好像也在说我的工资。200 万韩元说多不多，说少也不少。我 38 岁，比起朋友们的月薪，200 万韩元确实很少，但每个月可以固定收入 200 万韩元，用不动产收益率来计算的话，持有 4 亿韩元的商业用房才能得到如此回报（一般不动产收益率是每年 5%）。我并没有这种商业用房，所以只能把我宝贵的时间投入到劳动当中。一想到这，我就有点丧气……但白手起家的富翁都是这样开始的，我也就试试呗。

就这样，我成了虽然爬得慢，但不会迟到的"蜗牛"。一个月、两个月……职场生活让我到了晚上就自然地闭上眼睛睡觉，到了早晨不用闹钟就自动醒来。为什么会这样呢？因为四大保险[1]、午餐、晚餐、零食、咖啡……这些我做自由职业者时需要自己支付的费用，现在全都由公司来承担啦！

我享受着好久没有享受过的职场生活，支付了房子的尾款，搬家，留下了一间屋子做共享民宿，就这样，6 个月一眨眼就过去了。说短也短，说长也长的 6 个月。

---

1　韩国的四大保险指的是健康保险、产灾保险、雇佣保险、国民年金。

各位如果能在职场坚持6个月，那么就算你是只蜗牛，也应该能找到渡过大海的方法了。

怎么渡？用银行贷款做杠杆来投资。这就是你所需要的船。

我之所以没有纠结于再涨10万、20万韩元的工资，理由就在这。实际上公司已经给我交了四大保险，也让我能够去银行贷款了，这就达到目的了。有人说，在当今这种零利率时代，投资不是选择，而是必须，但你首先得有一份工作，才能获得银行贷款（还挺容易的）。用这一笔贷款，你可以将月税房变成全税房，也可以开始属于你自己的投资项目（当然，你需要努力学习6个月）。

请不要对自己当下的月薪心怀执念。以前，我比别人少挣10万、20万韩元的时候，自尊心一度受挫，还想着如果一辈子都拿着200万的月薪，被大家无视，那是多么可悲。为了消解这种郁闷和压力，我会买很多很多的东西补偿自己。这种冲动消费又会带来慢速浪费的"乐趣"和习惯。也许这种习惯会让我再也无法摆脱月薪200万韩元的职场生活。

如果你月薪200万韩元，每月可以攒下100万，那你就没有必要羡慕那些月薪5000万韩元，却一分也攒不下的人。我们需要关注的不是挣多少，而是攒下多少。

在职场，即使你上班时间蹲在厕所，公司也会给你钱，这种好事上哪去找啊？如果你打算工作一定的时间就离开这里，那就先建立一个目标吧。3年也好，5年也罢，你需要把一辈子的能量都在这段时间内迸发出来。不需要在职场里如履薄冰，也不需要在意难为你的上司。我也打算几年之后就离开这里。

下班后的时间也不能碌碌无为，随随便便地混过去。下班之后不要去啤酒屋了，不妨去不动产中介所逛逛。不要再想今天晚上的宵夜吃什么了，多去博客或视频网站上搜一搜"兼职""一条龙服务"等，就会出现你喜欢的领域。研究这些领域，可以让你将200万韩元全部攒下。

如果有好的工作项目，先不要急着孤注一掷，可以先浅尝辄止，慢慢准备，这样才能为你赢得时间。先学习，再投资。那时你就会明白，即使你的月薪是很少的一笔钱，但源源不断的供给也会成为一股强大的力量。在职场工作，不仅可以克制住不必要的冲动消费，还可以节省下那些由公司替你负担的费用，这样就可以为了将来的生活一点一点积累资金。这就是在职场最好的理财妙招。

所以从今天开始就需要努力学习，不要再问"怎么花钱"，而应该多多关心"怎么挣钱"！

## 态度·学会与钱对话

"钱是一个人格主体。"

书中的那些大富翁们都这么说。最初你可能觉得"这是什么科幻小说？"但即便你不是法人，你的法律主体的地位得到了认证，那么现实和科幻之间的距离就不再遥远。

"钱是可以感受到情感的。"

这是某个富翁说过的话。你可能又会觉得这是荒诞无稽之谈，但如果你认真学习并研究钱，你就不会觉得这是荒诞之言。

"喜欢钱，珍惜手中的钱，钱才会一直找上门来；无视钱，那钱也会无视你。"

"看不起财富和富翁的人绝对不会成为有钱人。"

这是富人们一贯的主张。将这两句话代入过去的自己，一看还真是这么回事。过去的我是个无视钱的人。我对待钱的态度也是如此——

"钱，什么也不是。"（实际上我也没有钱）

"世界上比钱重要的东西多得是！家庭、爱人、朋友，都比钱重要。"（虽然没有钱，就没有办法保护这些重要的人）

而且我还大把大把地花钱。当时觉得反正也没什么钱，那么节约干什么，不如爽快地花钱。我从来没有数过钱包里还剩多少钱，每次一有钱就花干净。不管是去见谁，我都不愿意做扭扭捏捏的吝啬鬼，会先站出来结账，装作很酷的样子说："本来就该花钱啊。"

"钱，你什么也不是。你看着吧，我会酷酷地将你花光，哈哈哈哈……"

是因为这个吗？钱好像从来也没有靠近过我。即使我没什么收入，但每天只要喘气就要交的信用卡费、保险费、房租、餐费等费用，一个月达到了 180 万韩元。即使某个月稍稍节省一些，也不可能少于 150 万。所谓"理财"，可能就是让自己不花钱、不吃饭，让自己变得更加窘迫吧。如何让自己和钱变得亲近起来，我想都不敢想。

首先，从学会"与钱对话"开始吧。就像富翁们所说的，钱是一个人格主体。

好，现在把小钱想成儿童，把大钱想成成人。

钱偶然进账的时候，要笑脸问候。

钱被使用的时候，要说"下次再见"。

可能有人会说："这个女人是疯了吗？"但大家在看有外星人出现的电影时，不也沉迷于其中，哭哭啼啼地掉眼泪吗？说句话又不用花钱，为什么不试试看呢？

光在进账和出账的时候与钱交流是远远不够的，还要好好整理金钱居住的家——钱包。给你的钱包来个大清扫吧。不光是我，我们家的其他人平时都会在钱包里装各种收据、用不上的各种卡和硬币，把钱包塞得鼓鼓的，仿佛马上就要炸裂。把这些整理一下，将绝对不会再看的收据和不会再用的卡扔掉吧。

将纸币展开，按照面值大小排序装入钱包。没事就把钱包打开，时常让它们露个面，这样就会了解自己手中到底有多少现金。不要把硬币塞进钱包，弄得钱包鼓鼓的。每次去超市的时候，把它们都换成纸币（虽然都是自己的钱，但换成纸币放到钱包里会有一种莫名的满足感）。

试着与钱展开对话，亲切地对待那些流向自己的钱。虽然搞不好会被别人觉得你像个疯子，但如果不够疯狂，钱就不会找上门来。

话说回来，让像我这样在学生时代就学习不好，到了快四十岁年薪还没超过 3000 万韩元的人成为大富翁，这个目标本身就已经很疯狂了。

我想引用罗曼·加里[1]的小说《如此人生》中的一句话——

"只有疯狂的人，才能品尝到生命的味道。"

好，那我们现在就去了解一下从未品尝过的生命味道，还有不健康的金钱之味。

当你已经不羞于和金钱对话，就可以开启下一个阶段了，那就是亲近数字。钱是用数字表示的，像我这样擅长文科的人，大部分对数字不敏感。不，这只是你自己觉得不敏感而已，现

---

1　罗曼·加里（Romain Gary，1914—1980），法国外交家、小说家、电影导演。龚古尔文学奖历史上唯一一位两次获奖的作家。

在到打碎过去的执念的时候了。

我们现在就可以对钱疯狂打招呼："你好啊，快来。你来了我给你好好清扫一下钱包。怎么样，满意吗？满意的话下次把你的朋友们都带过来啊，非常感谢。"现在在我们的面前已经没有"不可能"了。

"我原本就不擅长数学，对计算什么的完全不懂，一看到数字就头晕目眩，四脚朝天……"

从现在开始，不允许自己再开这种玩笑。一打开手机的桌面就要有计算器 APP，还要装很多银行和证券公司的 APP，一有机会就点进这些 APP，学会熟悉自己手里的数字。

即使是小钱也要重视，要肯定钱，要与自己手里的钱经常见面。借用某诗人的话：

"仔细看，便是美的。"

只有看久了，才会爱上。
钱，亦是如此。

# 与钱对话

第二章

日常训练 培养对钱的野心

## 习惯·早晨喝一杯水

富翁们的首要习惯是"读书",但光读书就能成为富翁吗?

貌似并非如此。我也读了很多书(虽然只钻研文学领域)。那么怎样才能成为真正意义上的"存折富翁",而不仅仅是"精神富翁"呢?改变思想就能成为富翁吗?嗯,好像是这样的,也好像不是。当你模棱两可的时候,可以查查字典[1]。

想

1.思考并判断事物的作用与影响;

2.对某人或某事的记忆;

3.想做某事或对其关注。

---

1　本书出现的字典释义如无特殊说明,都是韩文字典释义的译文。

第一条的关键词是判断；

第二条的关键词是记忆；

第三条的关键词是关注。

（每到这种时候，我就能发挥出语言领域最棒的实力。遗憾的是，在数学领域我却总是末等。）

判断、记忆、关注。似乎都是很重要的词汇，但在如何把它们变成钱这方面，我还没有找到灵感。

只靠想，并不会有多大的力量。

有一句话说得好，一屁股坐下去就能想出来的主意一点用也没有。

那么应该如何去做，才能不需花费很多钱，光靠自己的劳动就让钱包鼓起来呢？嗯，以我现在的水准，根本得不到答案。

这时候就需要书了。去图书馆吧，选择书名带有"富翁"字样的书，浏览一遍目录。看这些书时，你会发现它们中间有一个出现多次的词汇——习惯。

习惯？习惯和富翁又有什么关系呢？模棱两可的时候，再翻翻字典。

习惯

长时间反复进行某个行为，在此过程中慢慢熟悉的行动方式。

例句：我有早起的习惯。

习惯的中心词是行动。

啊，因为习惯包含了行动，所以比一屁股坐在那里想出来的主意更加有力量啊。不知怎的，最近去书店看到的关于习惯的书都摆放在了显眼的位置。

那么养成一个好习惯就真的会成为富翁吗？我们去找一些例子。

1. 有的人习惯每天早晨跑步。日本的小说家村上春树就是个例子。

2. 也有的人习惯每天早晨起床后做俯卧撑。《掌握习惯》的作者詹姆斯·克利尔[1]就是个有代表性的例子。

3. 还有人每天早晨起床就精读报纸。已故的现代集团创始人郑周永就是一个典型的例子。

---

[1] 美国著名习惯研究专家，习惯学院创办人，《纽约时报》畅销书作家。

好的，问题来了：这三个例子的共同点是什么？

答案：早晨，习惯，富翁。

所以我也养成早晨起床后做点什么的习惯，就能成为富翁了吧！但晨跑的话外面太冷，又不愿意做俯卧撑，读报纸又很费钱。就像《虽然想死，但还是想吃辣炒年糕》[1] 里面写的那样，我现在的心理不就是"虽然讨厌的要死，但还是想成为富翁"吗？要想付出最少的努力而获得最大的回报，想来想去，还真有一个主意，那就是——

每天早晨喝杯水。

首先，睡醒之后会口渴，据说早晨起来喝一杯温水，与吃保健品是同样的效果。这件事并不会很难，是很容易就能做的，我就将它定为我早晨的习惯。但我并没有定早晨要几点起床。反正只要一睁眼，就喝一杯水。

什么？太简单了？能够做好这件事，对于以前三天打鱼两天晒网的我来说，已经很不容易了。从明天起，我就开始"早晨喝一杯水"。

---

1　作者白世熙，该书的中文译本于 2020 年出版。

1. 不管早晨几点，只要我想起床，那就起来；

2. 走到净水机面前；

3. 用电水壶接一些净化过的水，煮沸（我们家的净水机没有调节冷热水的功能，只能净化水，但价格低廉，每个月的费用仅仅为6900韩元）；

4. 等着水烧开（需要2分钟左右）；

5. 水烧开后，倒入马克杯，半杯即可；

6. 剩下一半容量用净化过的冷水填满（如此一来，温度会刚刚好）；

7. 第一口要含在口中，漱一漱后吐掉；

8. 从第二口开始，就像喝中药一样，一口一口慢慢喝；

9. 喝完一整杯，这场战役就胜利了！

整个过程不到5分钟，但不管怎么说，我也算完成了一个计划，心里还是很满足的。啊，这个在心理学书中被称作小成就感。比起一大早就被响个不停的闹钟折磨进而开始负能量的一天，以小成就感开始的一天肯定会有所不同。

而"早晨喝一杯水"也让我自然而然地养成了整理床铺的习惯。这个习惯不用刻意培养，在把水倒入水壶，等待水烧开的这段时间里，其实也没有什么其他事情做。最开始，烧水的时候，我就呆呆地站在那看着，某一瞬间会觉得这2分钟特别漫长。所以慢慢地，起床之后我会掀开被子，整理好凌乱的床铺，心情也会变得非常爽快。掀开被子的时间甚至都用不上10秒。

这里提到的"早晨喝一杯水"的习惯还会衍生出其他的力量，那就是零碎的时间给予我的力量。我开始懂得，2分钟并不算短。等待水烧开的2分钟里，我可以做很多事情：

1. 整理被子（15秒）；

2. 洗漱（1分钟）；

3. 伸展运动，十指相扣向上伸懒腰（10秒）；

4. 清扫掉落在地上的头发（15秒）。

做完以上这些，如果还剩一点时间，那就太棒了。

对于富翁来说，时间就是金钱。所以他们连零碎的时间都不会浪费。我利用这些零碎的时间又养成了一个小习惯——早起喝完一杯水后做俯卧撑。本来刚起床的我四肢无力，但做了几次伸展之后，身体一下子就变得暖暖的，整个人都有精神了。

就这样，我一直保持着利用零碎时间养成的一些小习惯，甚至还养成了上班前写作的习惯。在别人看来，我应该是夜猫子，但我现在利用早晨上班前的时间去咖啡店写作。以前会经常听说有凌晨起床写作的作家，但我从未想过我可以成为这种了不起的人。

还有一件不可思议的事——我现在可以中途不停，一口气做 35 个俯卧撑了。2 分钟之内做 35 个俯卧撑，相当于女兵体力考核特等的标准。本来我的胳膊细得像根牙签，但现在已经有了肌肉，达到了特级军人的标准。这其中的诀窍便是：

早晨喝一杯水。

# 习惯的开始

去图书馆找所有带有富翁字样的书，浏览一遍目录！

富翁 公式
习惯是指……
早晨

书中都有一个共同的词汇，习惯！

"叙每天早晨都跑步"
村上春树
早晨5分钟！
富翁们的习惯

OK! 那么，早晨应该养成做点什么的习惯吧。哈哈哈~

☑ 早晨喝一杯水！

超简单！

早晨一睁眼，先喝一杯水。

早晨的好习惯打开了成为富翁的康庄"水"道。

喝水！ 伸展运动
整理被子
清理头发

## 读书·富翁们的共同点

决心成为富翁之后，首先要做的事就是读书。我之所以这样做，就是因为我身边并没有什么富翁朋友能够给我建议。只有去图书馆，才能见到比尔·盖茨、巴菲特这样的大人物。

幸运的是，图书馆对我来说并不是陌生的地方。比起咖啡店，我写作的时候更喜欢去图书馆。图书馆中四周堆得高高的书以及周围埋头苦学的人们，都能够给我能量。我对噪声比较敏感，图书馆的阅览室可以提供比咖啡店更好的环境。还有一个重要的原因，就是免费。

以前，我去图书馆的时候总是徘徊在阅览室和资料室的文学区域，至于其他领域，特别是经济、经营、理财等，则完全提不起任何兴趣。不动产、股票、理财、钱、富翁等词，好像都和我没有任何关系，我也完全不想去了解。怎么说呢，总觉得钱，以及与钱相关的东西都很浅薄。貌似只有把钱看得浅薄一些，才能让从事写作且没什么钱的我有点自信。

但我现在得朝着成为大富豪的路迈进了。那些实际存在的富翁们，是绝对不会在我身上花费时间的，我只能通过书和他们见面。在图书馆的经济、经营、理财专区，会有全世界的富翁和各领域的专家亲切地用书来分享他们的经验和想法。

嗯……应该从哪一本书的哪一章开始读呢？我还没什么想法。图书馆一次最多可以借阅6本书。在金钱领域，我的知识储备可以说是幼儿园水平。先把书名里带有"钱"或者"富翁"字样的书都找出来，好像会容易一些。就这样，选出来的6本书上都写着"钱，钱，钱，富翁，富翁，富翁"，要是拿着这些书去窗口，人家一定觉得我是被钱冲昏了头脑的疯女人。于是我又选了一本叫作《年轻作家的肖像》的文学类的书，将它放在了最上面。但很无奈，扫码的时候还是暴露了。

（滴——）年轻作家的肖像

（滴——）钱 $#*%%^

（滴——）钱 #$%^$%

（滴——）钱 #%#$

（滴——）富翁 ^$#

（滴——）富翁 %#$

银行家们聚在一起不会讨论写作，作家们聚在一起也不会讨论钱吧。

我，富川的年轻作家，下定决心要摆脱贫困。此时已顾不得面子了，我将 6 本书塞进了背包，朝家的方向走去。去图书馆"借书——还书——再借书"的过程一直持续了大概一个月，我遇到了很大的困难。

我的优点之一就是学东西很快，但即使读了 20 本和钱相关的书，我还是觉得云里雾里的。如果我读完几本书，大体上能找到感觉，并能将这些知识内化成我自己的储备（当年自学写电影剧本时就是如此），那就很理想了。可钱的概念简直太宽泛、太深奥了。没有什么比让这些好点子直接变成钱装进我兜里更难的事了。我读了将近一个月的书，踏踏实实学到的一点，就是富翁们都有读书的习惯。

我想起了几年前去澳大利亚打工的日子。2014 年，我虚岁 33 岁，如此"高龄"的我去了澳大利亚打工。我去的城市是澳大利亚西部的珀斯，我在那里见到了很多富翁，甚至每天还可以出入他们的私人空间。我在澳大利亚打工时，其中的一项工作就是清扫酒店的房间。我最开始接触这项工作是在一家著名的连锁酒店，这家酒店以老板的孙女会花钱而闻名。

酒店中有套房，套房的英文不是我们形容甜蜜时所用的"sweet"，而是"suite"。这种套房有两个以上的空间（澳大利亚五星级酒店商务套房中有两间商务卧室,还有一间客厅兼会客室),是最高等级的客房了。住一晚的费用从100万韩元到200万韩元不等,是富翁们经常光顾的地方。我的主要工作就是清扫这些房间,所以可以近距离地接触到他们的私人空间。清扫酒店房间的方式分为两种:

1. 客人们办理退房后,清扫整个房间(工作时间:一般的房间25分钟,套房45分钟。作为初学者的我经常超过45分钟,有的时候甚至要2个小时,但老板也只给我算45分钟,因此我只做了3个月就辞职了);

2. 如果客人长期居住,就只需更换床上用品,换上新的毛巾及其他生活用品,简单清扫即可(工作时间:15分钟。比清扫整个房间轻松多了)。

如果是第二种清扫方式,每次清扫的时候,我就可以很自然地扫视一下他们的房间。住套房的客人们的共同之处就是,床头柜上总会放一本书。而在那些写白手起家成为富翁的人的书中,也都能看到主人公有阅读的习惯,要么读书,要么看报。

沃伦·巴菲特被称作"价值投资之皇""奥马哈的贤人"。据说他从早上到公司开始,每天都要阅读500页左右的企业报告书。如果读500页文件,那不就相当于读了两本单行本的量吗？与之形成鲜明对比的是，以 2019 年为基准，韩国的成年人中约有 45% 的人一年都读不上一本书。原来世界最强的富翁和我们之间的差距如此之大。

从这一点来看，无论我是否能够读懂与钱相关的书籍，我都要去读，因为阅读能够成为目前为止我和富翁们之间唯一的共同习惯。如果在图书馆借阅的书中有内容特别充实的，我会去书店买下来珍藏，或者我会把重要的部分输入到电脑中，做成读书资料。虽然我现在还不如富翁们有钱，也并不像他们那样有智慧，但我开发出了属于我的读书方法。

一年的时间过去了。我已经读了超过 200 本关于钱和富翁的书籍。在此过程中，我又开始了打工，我比其他人提前 30 分钟上班，阅读经济新闻，学习股票。帮助我产生这种变化的最大功臣，就是书。

书不仅是最容易接触到且成本最低的获取信息的工具，也是能够给予你可靠答案的老师。而且在图书馆中，这些都可以免费提供给你。学习赚钱后，我还明白了一个道理，那就是"世界比我们想象的更加亲切"。

书和图书馆，
在任何时候，它们都是我亲切的老师。

## 收拾整理·
## 舍弃越多，得到越多

　　就算我把写作当成职业，也维持不了生计，所以只能去公司上班，这让我倍感疲惫。和别人做着同样的工作，回到家还要坐在电脑面前，集中精力输出优质的文字，这不仅考验着我的体力，还要求我必须想办法协调人际关系。也许比起得到的，失去的会更多：

　　1.一不留神，群聊里就有几百条密密麻麻的消息，读起来也挺有意思，还有一种奇妙的归属感；

　　2.每到周末，和朋友一起去有名的美食屋，吃吃喝喝，聊聊闲天儿，确实很解压；

　　3.实时上传自己觉得不错的照片，记录幸福快乐的瞬间。

在照片下面每多一个"赞"，我的心里就愈发满足，会觉得我的生活充满阳光。

但是——

这些小甜蜜在我的写作过程中成了最大的障碍，好的文章都是在寂静且孤独的环境中诞生的。

好多东西已经离我而去，而我现在要开始观察有什么正在向我走来。观察一个人包里的状态，就能推测出他的心理状态。我的包每天都陪我上班，它里面的状态很糟糕——每一层都有滚来滚去的笔、皱巴巴的收据、缠在一起的充电线，还有不知道何时进入包里的口香糖、用过的湿巾……这样下去可不行。我要把包腾空，用湿巾将它好好擦干净，只将每次去图书馆必需的东西装进去——笔记本电脑、日记本、笔袋、保温杯、手绢。这样准备下来，我就好像春游的前一天收拾书包一样，心情非常激动。

从整理背包开始，我自然而然地整理起冰箱、鞋柜、抽屉。就这样慢慢地、一点一点地整理，不知不觉间，整个家都变得干净整洁。经常穿的衣服就好好收拾起来；如果是几年也不穿的衣服，就放到旧衣回收箱中；不想穿的鞋子，洗干净也可以挂到胡萝卜市场[1]上。在胡萝卜市场挂上自己的东西不仅有趣，而且有意义。曾经花了很高价钱买的东西，如今却以5000韩元、10000韩元的价格卖出去的时候，我好像明白了什么是"无所有[2]"。

我并不是因为贫穷才追求极简主义，而是坚信舍弃的越多，得到的就会越多。我买房子，并开始经营共享民宿，也是出于"舍弃"的缘故。以前租全税房的时候，朋友们就劝我，既然能把另一间房收拾到铺上地毯就可以做108拜[3]的程度，那为什么不干脆做成共享民宿呢。听了朋友的话，我试着把那个房间挂到了共享民宿中介网站上，果不其然，有人预约了我的房间，从此我就成了经营共享民宿的主人了。

这样一来，本来我自己住的房子里，忽然来了很多外国客人，房子里一下子就热闹起来了。我也因此把客厅进行了分区，并且每天早晨都会出门，无论是去图书馆还是去咖啡店，总之会去一些地方。虽然每天都要多花上1万韩元，花的比赚的都多，可转念一想，去其他地方不比家里，不能躺着，只能强迫

---

1　胡萝卜市场指 Daangn Market，是韩国二手交易平台软件。

2　韩国的法顶禅师曾经写过《无所有》，主张"舍弃愈多，得到愈多"。

3　通过反复的屈伸运动来提高全身关节柔韧性，调理气血的一种运动。

自己坐在椅子上写作，这可能也是好处吧。每一位在家工作的自由职业者都知道，躺在床上的那一瞬间，预示着一天就这样结束了。如果想工作，最好还是出去。如果出门，最好选择步行。步行时，无论是想写作素材，还是什么都不想，光是两条腿踩在地上前进的感觉就会让心情变得明朗。

　　不管怎么说，共享民宿让我走出了家门，能够更集中精力去写作，想着去买房，学习金钱的知识。这才有了这篇关于钱的文字。


　　有人会问，一个作家，在没有私人空间的情况下怎么进行创作啊？或许这些人中没有赌上一切去写作的吧。即使他们中真的有想要这么做的，也可能会先想着"我可能不行"。而我们需要的，正是思考"我应该怎么做"，一直向前，勇往直前。这是我在家门前散步时常常思考的事。

# 收拾整理

## 节约·富翁导师和一张纸巾

到底有多少资产才可以称为"富翁"呢？

就我自己的观察来看，在韩国，一般金融资产[1]有 10 亿韩元就可以称为"富翁"了。因为大多数的韩国富翁都把资金投在不动产上，所以虽然说金融资产是 10 亿韩元，但总资产再不济也有 20 亿了。

去掉负债，总资产达到 20 亿韩元以上的话，那就是韩国前 1% 的有钱人了。

金融资产 10 亿韩元。

我不知道这辈子能不能赚到这个金额，但自从我立志要当富翁，我的目标不是别的，就是挣够 10 亿韩元。45 岁之前，

---

1 金融资产（Financial Assets），是实物资产的对称，指单位或个人所拥有的以价值形态存在的资产。

攒够 10 亿韩元。

那么，我们就来看看那些拥有 10 亿韩元金融资产的富翁们的故事吧。

我的身边也有一位富翁。他是我能够直接接触到的唯一的富翁，也是我的导师。我不知道他究竟有多少钱。他现在有固定工作，每个月的纯收入超过 1000 万韩元。他比我年长 20 岁，我推测他的金融资产怎么也有 10 亿韩元了，从他平时对钱的态度上就能够看得出来。

遗憾的是，我们从来没有直接谈论过钱的事。他是牙科医生，我在他手下打过工。我们赚钱的方式当然不同，那时候的我，是一位一提起钱就满脸愁容的穷困作家。

我们第一次见面是在 2016 年。那时我赌上了一切，写了《大海的脸，爱情的脸》（月亮出版社，2016 年），销量惨败之后，我经历了人生最大的痛苦。

大海的脸，爱情的脸。这本书讲的是我孤寂的幼年时光和我曾经爱过的恋人的故事。

Naver[1] 评分 9.7。

---

1 韩国的搜索引擎网站。

只有"没看过"这本书的人，没有"看过"这本书的人。

我的文学导师——作家尹大宁[1]曾经盛赞我的第一本自传小说，他表示"很具有文学性"。我写完这本书，就如同蛇蜕去了皮，完成了一次新的蜕变。可结果是书卖不出去。第一版只印刷了 2000 册都没卖出去，可以说完全失败了。

我已经有两本书面世，可生活却变得更加窘迫，35 岁的我只能重新回到父母的家中居住。虽然原本就没期待我的书能有多畅销，但我投入了所有的精力写的作品没有被读者们选择，这种伤痛对我来说比起没钱的窘迫更加难以忍受，也很对不起那些和我一同奋战的出版社的工作人员。

不仅如此，更严重的问题是，我可能不会再得到下一次的出版机会了。这让我感到很不安。我打起精神，为了能够出版下一本书，给很多出版社投稿，但都被拒绝了。

写作是我唯一有自信的事，也是我唯一想做的事，现在竟然连机会都没有了。我伤透了心，决定离开韩国。

但不管去哪，都得要钱。古人说的真是一点没错——"要想动身，就得花钱"。


我得赶紧离开家。爸爸很明显不想看到一位 35 岁却还在

---

1　韩国作家，1962 年生人。1990 年在《文学思想》上发表文章进入文坛。代表作《银鱼钩通讯》《请看南面的阶梯》等。

到处流浪，不结婚且无法养活自己的女儿出现在自己面前，而我也不想和不喜欢我的人在一起生活。我和父亲动辄彼此仇视，而妈妈夹在我们二人之间，最是痛苦。"如果僧人讨厌寺庙，就只能自己离开"，所以只能是我走。

要想挣到机票钱，就只能去打工，但找一两个月的短期工作并非易事。三月到五月是牙科的淡季，我整天在家无所事事地待着，真是如坐针毡；去图书馆转转，写写文章，心里又担心没钱，脑袋里一片漆黑。这就是所谓的四面楚歌吧。

此时，一阵电话铃声打破了四面八方的哀歌。

一个认识的弟弟曾经工作过的牙科诊所了解到了我的情况，打电话让我过去试试。那个牙科诊所在当地以客人多而闻名。刚好在附近的图书馆写作的我，听到这个消息后马上就站起来了。

那天我穿的衣服和面试的要求相差甚远。虽然写作的时候穿帽衫非常方便，但它毕竟已经穿了5年多，袖子都变长了。再加上膝盖有破洞的牛仔裤，谁看都会觉得我是游荡在小区里的小混混，只是打着作家的幌子罢了。我本想回家换件像样一点的衣服，可是那位弟弟说诊所马上就要关门了，要我赶紧过去。我心想"哎呀，不管了"，背起包就冲了出去。机会来了吗？

先抓住再说。

在关门之前，我卡着时间气喘吁吁地来到了诊所，而且还没带简历。诊所内非常安静，装修非常简陋，不，应该说是没有装修。这和我想象中的牙科诊所有所不同。

现在很多小区里的牙科诊所装修得都非常好，身临其中，会以为是在咖啡店或是酒店。但这个牙科诊所就是字面上的"牙科"而已。在候诊区仅有一台电视和一个沙发。不管怎么说，也是一家经营了20年以上的牙科诊所，就这种装修真的可以做生意吗？一般作为门面的前台都是一位年纪轻轻的漂亮职员，可最近牙科诊所的前台好像达成共识了一样，都是一副"扑克脸"，这里的前台位置坐着的是位大我一轮的部门主管。

我歪七扭八地站着，等着医生来面试我。

面试开场，我说自己因为太急，就没带简历。医生说，反正我也有在牙科诊所工作的经历，还是想看看我能做点什么，问了我现在住在哪，做什么工作。这里的医生和我曾经工作过的隔壁牙科诊所的医生关系很好，所以他应该对我这位想当作家、想去首尔的另类职员有所耳闻。

"嗯，我之前去了首尔，写作、出书……然后因为生活比较困难，又去了澳大利亚当酒店保洁，还在洗衣店干过……回国之后继续写作，但还是不太行。我想工作两三个月，攒攒机票钱，然后再去澳大利亚。"

我唠唠叨叨地抱怨了一大堆。现在想想，这真是个神奇的面试。

"嗯，那你就过来做你想做的吧。"

欸？

我虽然知道这位医生人挺好，但没想到这么容易就能通过面试，可能是因为我穿着拉长袖子的衣服，加上没洗的头发，将一个疲惫的穷困潦倒的作家形象展现得淋漓尽致吧。

不管怎么说，贫穷的作家通过了这场特别面试。

第二天我去上班了，这一天给我的感觉就是，我应该不会一直在这个地方工作下去。

空无一人的候诊大厅一到诊疗时间就被患者围得水泄不通。在那一带基本每个建筑物里都有一家牙科诊所，但我平生第一次见到像这家诊所这样，客流如此源源不断的地方。种牙手术结束后，接着马上进行矫正、补牙、神经治疗……那一刻，我感觉医生像超人一样在空中飞翔。现在都是预约制，要放在以前人工排队的时候，不仅候诊大厅会满员，连门外也要排起长队了。

如果这么忙的话，正常来讲像治疗智齿、处理难拔的牙这种业务完全可以交给大学的附属医院去做，但只要有患者来，我们就没有理由将人家拒之门外（治疗智齿、处理难拔的牙这种业务很耗费时间，如果不是外科专家，很难做好，而且工具必须齐全。可以说性价比不高，也不是诊所的最佳选择）。

那时我终于醒悟了。

诊所之所以可以做得这么优秀，是有其原因的。

只要忠实于本职工作，就不需要这样那样的花哨的修饰。

医生和职员们已经相处了很久，工作也合拍，无论患者多么拥挤，他们都毫不慌张地一件一件处理。也许这就是25年来养成的"内功"吧。第一天工作结束后，回到家的我陷入了沉思。

啊……怎么办啊……明天要不要说去不了……

用一句话概括，就是要累死了。

可即便如此，我也还是要坚持。以前一见到我就"啧啧"咂嘴的爸爸，看到刚下班的我，第一次主动过来搭话。

"你不要调皮，好好在那待着！"

哈……好吧，反正最多就3个月。早晨9点上班，晚上7点下班，25年来默默坚持下来的人也不在少数。如果连3个月都坚持不下来，那我估计自己什么也干不了。在澳大利亚的时候，我在烈日炎炎的环境下都能抓蟑螂、搞大扫除，牙科诊所的工作不是比那舒服太多了吗？

去吧，去吧，我可以的，我可以。

我要让你们看看，我可以。但做给谁看呢？

给我自己看！

一个月过去了。不管怎样，时间一直在向前走。对于络绎不绝的客人，我也实在是无法适应。这中间，还发生了一件事。以前即使我在工作中出现这样那样的失误，医生也不会说什么，只是帮忙处理。而这次，在医生诊疗完毕之后，我刚准备抽纸巾递给正在漱口的客人，他就竖起食指对我说："稍等。"

"一张即可。"

我一下子就慌了。

"啊？一……一张吗？"

我活了30多年，从来没有在用纸巾的时候只抽一张。即使是擦嘴角的水，最少也得用两张。不过从另一个角度看，这么节省可能是有什么其他的考虑。医生这一辈子从来没有对其他人说过令人反感的话，这次他却如此强烈地说出"一张即可"的话。令人惊讶的是，用一张纸巾擦嘴真的是足够的，甚至还用不了一整张。

从那时起，我开始注意到这家牙科诊所那些令人惊叹之处。首先就是无论什么东西都不浪费。一般的诊所中材料的使用量大部分是凭员工目测或凭感觉拿，有时候扔的甚至比实际用到的都多。反之，如果提前定量，任何东西都按照定量来使用，就不会有浪费的情况出现，一切就会刚刚好。这里的职员还有一个共同的习惯，就是在使用完电器后会马上拔掉插头。医生每次把职员们叫到一起，讲的内容并不是销售或服务，而经常是这种日常生活中的小习惯。

果不其然，这里每个月的材料费只到其他牙科诊所的一半。想到自己以前在其他诊所工作的时候，经常随心所欲地使用材料，我心里开始愧疚起来。当时如果稍稍留神，就能够节省不少。

3个月后的某一天，医生问我在这里工作的感觉如何。虽然在这家诊所学到了很多东西，但我还是说了印象最深的一点——

"嗯……您是一位特别懂得节约的人。"

医生歪了歪头，说道："与其说懂得节约，不如说会合理运用。"

医生上下班开的车是 H 公司生产的现代胜达。一般的个体医生开了诊所之后，肯定会优先选一辆进口车，可他直到几年前还开着起亚 Morning 上班。职员们说，要不是当时蔚山发洪水，导致那辆车进了水，他现在还在开那台车上班呢。

我又在那家诊所多干了 7 个月，之后收到了去做编剧的邀请，诊所的各位同事为我鼓掌祝贺，我就这样开始了自己的二次进京之路。如果我写的剧本能够被拍出来并播出，我就可以大声喊出"我衣锦还乡了"，可是 4 年过去了，到现在也没能实现。

我又成了一位穷困潦倒的作家，自从在银行因为一张 480 万韩元的收入证明丢尽脸面之后，我下定决心要成为一名有钱人，而这期间对我帮助最大的就是一张纸巾的秘密。

如果我们去看关于如何成为富翁或者如何管理金钱的书就会发现，其中的核心只有两点：

1. 节省；
2. 扩宽挣钱的门路。

"不是，凭我的能力能挣 200 万，那我就只花 200 万呗，怎么扩宽挣钱的门路啊？"

是啊。所以对我们来说，第一点"节省"是最简单且合理的方法。"哎哟喂，即便如此，还是积土成'土'啊。"总有这样哭穷且看不起一张张 1000 韩元、10000 韩元纸币的人。不妨想想，我们每个月不都能看到积土成山的例子吗？明明一次只花一两万韩元，可合计一看，信用卡账单就像一座大山压了过来。不管怎么说，省下 1 万韩元，也就意味着你多挣了 1 万韩元，这是挣钱最简单的道理。我从我的导师那学到的节俭，不，应该说是合理的消费生活，就这样开始了。

### 1. 漏洞的袜子缝缝补补接着穿

买一双袜子仅仅需要一两千韩元，你可能会问，节省这点钱能干什么啊？一两千韩元的袜子的质量，和它的价格很是匹配，总是容易漏洞，还得经常买。进到袜子店，只买一双 1000 韩元的袜子是远远不够的。2000 韩元的袜子比 1000 韩元的漂亮，再买三双 1 万韩元的袜子搭配会更好看，如果旁边再有一双长筒袜就更棒了。就这样，本该花 1000 韩元，却花了 2 万韩元。缝补袜子除了省钱之外，还有意想不到的效果。做针线活，就如同用彩色的荧光笔在活页本上涂鸦一样，心无杂念，还很解压。在快餐时尚横行的世界里，特意用显眼的颜色缝合其中一只袜子，会让人感到很可爱，心情也会变得非常好。

## 2. 出门之前确认天气

出门在外，如果突然下雨的话，就得去便利店买雨伞。如果是天刚阴下来，就只用花 3000 韩元，而如果下起雨来，就要花 5000 韩元、1 万韩元。买雨伞时，会自然而然产生"5000 韩元的不好看，不称手""反正也需要一把雨伞，不如买把 1 万韩元的"之类的想法。这样一来，每次出门的时候就会经常落东西，家里的雨伞盒中就会挤满红蓝交错的雨伞，还有一堆坏了的雨伞。从现在开始，出门之前一定要确认天气，如果下雨的概率较大，就带一把结实耐用的雨伞，这样就可以省下买雨伞的钱了。

## 3. 空腹 14 小时

吃完晚饭后马上刷牙漱口，除了喝水，不再吃任何东西。进行间歇式断食。可能有人因为要减肥才这样做，可我对减肥没什么兴趣。我这么做纯粹是为了省钱，而且我已经保持这个习惯一年多了。这个故事我在后面会仔细地讲解。

看到缝补袜子的我，可能会有人说，用得着这么做吗？白手起家的富翁们，都是从不买、不吃开始一点点攒钱的。之前听到的通过节省手纸钱成为富翁的传闻并不是一个笑话。这样一分一分地攒钱，是为了未来变成一大笔钱。只有做好了这些准备工作，当你某一天中了"大奖"，你才可能维持住这些从天而降来到你身边的巨款。我们现在就是在做这些准备。

终于，我给好久没有联系的富翁导师打了电话，和他说了我为了生活，又开始在牙科诊所打工的事。

"我最近为了成为大富豪，已经开始缝补袜子穿了，生活上节省再节省。成为大文豪之前，我要成为大富豪，这样我就一定能够衣锦还乡。"

我的富翁导师大笑，他说："好啊，金艺谙马上就会成为有钱人的。"

缝补袜子穿，积土成山。大部分人都会想"这样什么时候才能成为有钱人啊""非要那么做吗"，总之清一色都是持怀疑态度。从导师那我得到了平生第一次的肯定。

果然还是有钱人才了解，

任何一个有钱人都不是白来的，

只有努力攒钱，才能富得长久。

## 记录·照顾自己的方法

"头等舱的乘客不借笔。"

这句话是真的吗?

我20多岁的时候,总是想着"只要不在这里,去哪儿都行",于是坐上飞机四处漂泊。那时的我主要买打折机票,飞机上的餐食还要单独花钱购买,所以不太知道头等舱的事。而且我总是向路过我身边的乘务员借笔……这是因为我很穷吗?或许吧。

日本作家美月秋子曾在头等舱担任了16年的乘务员,她写了这本《头等舱的乘客不借笔》(尹恩惠译,中央书局,2013)。

这本书的日文原版叫作:

《头等舱客人的简单习惯：3% 的商务精英实践所得》

简单来说，就是一本关于富翁们的习惯的书。

秋子提到的头等舱乘客的简单习惯，就是读书（主要是历史书）、记笔记（喜欢自备钢笔）、感恩的心、端正的姿态、郑重的态度等。韩文版将强调记笔记这一习惯的"头等舱的乘客不借笔"作为全书的正式名称（个人认为，韩文版的封皮和题目更加简洁，令人印象深刻）。

那么富翁们真的会自己随身带笔吗？我身边唯一的富翁，也就是教会我只用"一张纸巾"的富翁导师也是这么做的。他有一支跟随了他 10 多年的万宝龙钢笔。看来，教我金钱知识的老师，也是随身带着笔记本和笔啊。

"随身带笔"强调的是笔记的重要性。虽然有人可能会问，现在大家都有手机了，有必要随身带笔吗？事实上，用手中的笔将想要记录的事情直接写在纸上，可以让大脑和身体有更加深刻的记忆，这也是笔记的核心。

记事本、日记本、日记、家庭账本、汽车账本……

总有人一看到上面这些字样心里就郁闷，我竟然也是如此。我在决定要成为作家之前，从来没有记笔记的习惯。我之所以会养成记笔记的习惯，是因为我希望自己能够写出好的文章。

我曾经下定决心，要在早晨一睁眼的时候，将前一天晚上做的那些了不起的梦记录下来，但到了吃中午饭的时候，就完全想不起来了。那些出现在我眼前的好句子、好故事，本想在第二天早晨就记录下来，可是一起床就忘得一干二净。

我是一个多么不值得信任的人啊。本来计划早晨 6 点起床，闹铃都设置好了，可是早晨闹铃一响，就会眉头紧皱，"啪"地一下关掉闹铃，将被子从头盖到脚；明明发誓除了喝水什么都不碰，可还是会在冰箱前面慢慢转悠。这就是我。


要写下来，不要相信自己的记忆。


其实并不是要成为有钱人，我原本是想写出更好的作品，成为更好的自己，所以才在几年前养成了记笔记的习惯。从制订计划、记录心情、写下愿望开始，到几点睡觉、吃什么、要去哪。只要可以，我都会努力亲手将这些记录下来。

如果真心想做好一件事，那么你的心也会自然而然地跟随你去做。你会觉得，只要对自己有帮助，不管什么都要试试；哪怕是一件微不足道的小事，也想努力做好。

要是我一直坚持下来的话，早就成大文豪了。我就是有名的"三天打鱼，两天晒网"的那种人。每次都是坚持 3 天、3

个月就放弃了。每年都会买新的日记本，总是第一页写得超级漂亮，越到后面的月份，本子上就越干净。我看着日记本，真是对自己感到寒心。

2018 年，我斥巨资买了新的日记本。兴致满满的我早早地丢下了 2017 年的日记本，从 2017 年 12 月起，就开始使用 2018 年的新日记本了。在抽屉里滚来滚去的贴纸被我全都拿了出来，我在日记本上一个字一个字饱含热情地记录。珍贵的年终，珍贵的新年，啊——我珍贵的一年。

可问题就是太"珍贵"了。那段时间我之所以从未完整写完一本日记，就是因为我觉得这些东西太珍贵了。要确定用什么颜色的笔写，要写得好看，写得工整，字要漂亮，还不能啰唆。所以每次急切地想记录下自己的想法，或者想记笔记的时候，就会忽然停下。一想到会弄脏自己珍贵的日记本，瞬间就写不下去了，要么就会写在别的地方。这就造成我的记事本、创意本、家用账本、英语学习本都是只有第一页写得密密麻麻，然后就被随便放置在某个地方。等到了新年，我又开始自我反省，然后再买一本新的日记本。

2019 年开始，我换了一个思路。与其写完美的笔记，不如轻轻松松地涂鸦。我的思路就是"笔记不行，就涂鸦"。我开始尝试在家庭账本上应用这个方法。当初买家庭账本的时候可是怀着悲壮的决心，但因为总是只有第一天记得满满当当，所以我打算就在这个本子上胡乱画画。我不按照印好的格子填写，想起什么就随便找一处乱涂乱画。

就这样没有负担地到处写，竟然把本子填满了。这本涂鸦本在不知不觉间成了我的日记本、日程本、家庭账本、时间规划本、创意本。

我了解到了这本涂鸦本带给我的强大力量。

它让我遇见了过去的自己。

当下，我们每天都要花费很多时间刷各种社交媒体。在这些社交媒体上，我们看到的、听到的，都是别人的食物，别人的身材，别人的想法。反之，这本随意书写的涂鸦本上的内容，只有关于我自己的事，上面写满的内容只有我自己能够理解。

写涂鸦本不需要看任何人的脸色，可以在上面随心所欲地记录自己的想法。这些记录的内容就是我的历史。在这里，我既是作者，也是读者。过去的我，现在的我，未来的我，都可以在这里相遇。在这里，我可以注视着我自己，为我自己加油，凭借这种力量，无论做什么，都可以从头开始吧？

## 爱护心灵·成为富翁的第一步 ——精神管理法

我每周在牙科诊所工作 4 天，其他 3 天不上班，就专注于写作。同时，作为"金艺谙民宿"的房主，我还得负责给住客洗衣服、清扫、做垃圾分类等。我争取一天最少走一万步，每周找各领域的老师学习一次关于金钱的知识。早晨比其他人提前到诊所，读当天的经济新闻，学习股票，一周最少读两三本书。这样的生活已经过了 10 个月。

我本来是一个只知道瘫在床上的人，没想到还可以成为富兰克林日记里写的那种人。我切实地感受到，除了那些口口声声说"江山易改，本性难移"的人之外，每个人都在变化着。

虽然日子过得非常忙碌，我却比任何时候都更加健康。

身体的健康直接关系到心理健康，心理健康也关系到精神健康。精神管理不仅仅是精神健康的问题。从有钱人的视角看，精神管理就是时间管理。从这个意义上来讲，我实践的精神管理法一共分为四大板块。

## 1. 最大限度避免冲突

虽然将愤怒转化为行动可以提供适当的动力，对实际变化的产生有所帮助，但当这些行动针对某一个具体的目标时，很容易卷入琐碎的是非当中，即使赢了，对时间、体力、感情的损害也是巨大的。

所谓最大限度避免冲突，不是要让你无条件忍受不公之事、遇事怯懦。冲突越严重，所需要的准备就越多。成人之间的冲突不会仅限于争吵或肉搏战，大部分都会走类似诉讼这样的法律程序。虽然法庭之间的冲突只是金钱的问题，但需要耗费很多时间，需要准备的东西也多。没有任何策略就应战，只能说你将迎来人生最黑暗的时期。所以如果可能的话，就不要起冲突，选择商量是最明智的方法。但你若真的希望去针锋相对，就一定要准备好时间、财力、体力、精力，去狂轰滥炸。

为了避免这些战争，就让那些琐碎的是非过去吧。我以前就会因为一件很小的事变成一只兴奋的斗鸡。谁惹我一小下，我就会不分男女老少，立刻化身成我的属相——一只1982年的疯狗去撕咬他。但自从我下定决心要成为作家、成为一名富翁后，我的时间、我的状态保持就都成了重要的事，那些琐事就让它过去吧。偶然间看到的吴恩英老师[1]的采访，对我的帮助很大。

　　不要叫住那些不重要的人。即使有人在走路时撞到了你的肩膀，如果没有脱臼的话，就让他走吧。此时如果喊了一声"喂！"，那就会产生一段恶缘。不认识的人是不会故意为难你的。你只需要说一句"您好像很忙啊"，放他过去就好了。他不是能够撼动我们人生的人，就让他像江水一样流走吧。（2018年6月2日《韩国日报》）

　　对我们来说，有更重要的事在等着我们去做。不要将宝贵的时间和感情浪费在没用的地方。
　　真正的战斗高手，是不战而胜的人。

## 2. 不要总去想不好的事

　　的确，即使不去在意那些人生中并不重要的人，也总能和一些常常刺痛我们的事有着无法摆脱的干系：朋友无意间说的一句扎心的话；职场上每天都不得不见的人给自己使的绊；家人不仅不给予支持，还频频打击我们的自尊心等。

---

1　吴恩英（音译）是韩国精神健康医学师，作家，韩国高丽大学医学博士。

我以前遇到这些事时会气得咬牙切齿，脑子里会一直想着怎么报复那些背叛我的朋友，想着要不要辞职，要不要离家出走。这些负面情绪会让我有很大压力。最好的办法就是远离那些刺激——断绝朋友关系，从公司辞职，离家出走。如果现在做不到以上三点的话，就把积攒下来的压力丢进垃圾桶吧。

我曾偶然间在视频网站上看过一位高僧快问快答的采访，他就说过这样的话："举个例子，如果有人把垃圾丢给你，你就直接将它扔进垃圾桶即可。不要打开那个垃圾去想'它究竟来自哪里？为什么把这个垃圾丢给我？'随手乱扔垃圾的人本就素质低下；恶语伤人的人本身就什么也不想。不要忘了，你自己也可能会并非出于本意，而对别人做了同样的事。"

这时候你就要想："不要像那个人一样。"

当有人向你扔"垃圾"的时候，你就不要把"垃圾"再扔给其他人了。当然也要尽可能快地远离总是朝自己扔"垃圾"的人！

### 3. 学会站在自己这一边

我们从小就被教育说，要有朋友、恋人、家庭，这样才能够幸福。真的是那样吗？去精神科接受心理治疗的人中，大多数都是因朋友、恋人、家庭而得的病。

除了我以外，其他人似乎都拥有幸福的家庭、对自己情有独钟的恋人，以及讲义气且可以引以为荣的朋友。虽然有人说，只有这样才能让人生变得更加幸福，但实际上没有那样做的人更多。如果运气好的话，拥有这种完美的关系当然是一件好事，可是与自己约定白头偕老的恋人、无时无刻不站在自己这方的家人和朋友，总有一天要离我们而去。

因为人都会死的。


最终和自己在一起的只有自己。

如果世界上没有爱我的人，那就自己爱自己。自己支持自己，安慰自己，爱自己，这也是一件美丽的事。一个人独处的时候不要不安，如果此时可以创造属于你自己的东西，积蓄力量，那么说不定你会成为某个人最好的朋友、恋人、家人。

如此精心照料自己，此时如果再受到某些人的攻击，你就可以说："干什么啊，我对我自己多好啊，你竟敢这样对我！"自己可以站到自己这一边。


我最棒，我最厉害，我最了不起。

从现在开始，如果没什么事，就努力创造属于自己的习惯，学会站在自己这一边。

## 4. 所有的事情都会结束

吃力的事、痛苦的事、开心的事，所有的事情都会有结束的一天。因为会结束，所以你可以不做任何事，也可以尝试去做些什么。

我和比我小 13 岁的杰一谈了一场 6 年的跨国恋爱（杰一是泰国人，小时候全家移民到了澳大利亚，现在在澳大利亚居住）。异地恋能够成功的原因，坦白说就是我们有"所有的事情都会结束"这种悲剧式的世界观。我们在澳大利亚和韩国之间往返，多的话一年两次，少的话两年一次，我们每次见面的时候总是要在对方面前表现出最好的自己。因为我们会觉得，可能这是最后一次见面。

所有的事情都会结束，我和杰一也会在某个时候分开。不需要做什么特别的努力，人也会死。我们最终都要分开。因此，趁着还活着，还可以见面，尽情地享受心动的时刻吧，这难道不是更加合理的做法吗？

# 爱护心灵

## 空腹 N 小时·攒下的是钱，得到的是健康

　　不知道从什么时候开始，我的注意力下降了，会无缘无故感到疲惫，睡醒了之后也没有感觉到清爽。不，好像我一直以来都是这样。所以从几年前开始，我就像秦始皇当年寻找长生不老药那样，费尽心思寻找能让我永远不会疲惫的"不疲药"。

　　不管怎么说，吃的应该是最重要的。于是我开始吃红参精、巴西莓汁、被称作秘鲁山参的玛卡、亚麻籽、益生菌、Omega-3等对身体好的东西。不过说实在的，不管吃了什么，都没有切实感受到明显的效果。

　　电视上明明说了，吃了这个就能够拥有童颜，吃了这个就可以变苗条，吃了这个就不知疲劳是何物，可广告是不能相信的。我的一个药师朋友告诉我，营养品和健康辅助食品并没有很强的效果，而吃好一日三餐，多吃时令水果是最好的。可能

的话，我都是计算一下营养成分再做菜，可还是没有什么效果。

那到底吃什么，算是吃好一日三餐呢？

从最近几年开始，韩国的电视节目中对"吃得好"的讨论热度很高。无论在什么时间段，播到什么频道，都能看到一个男性大厨不是在做饭，就是在吃饭。还总能看到一些人寻找有名的小店去吃，吃的食物堆得像山一样高。

三时三餐

拜托了，冰箱

周三美食汇

守美家小菜

饭 bless you

街头美食斗士

白种元的三大天王

白种元的 Food Truck

白 Father：不要停止料理！

吃饭了吗？

高校供餐王

好吃的家伙们

韩餐大捷

食神之路

One Night Food Trip

新品上市便利餐厅

今天吃什么？

白种元的小巷餐厅

尹餐厅

姜餐厅

家常菜白老师

请给我一顿饭

韩国人的饭桌

寻找！美味的 TV

厨神当道韩国版

食客许英万的白饭纪行

O' live Show

主厨之队

西班牙寄宿旅店

外出用餐的日子

在当地吃得开吗？

吃播秀味道的传说

食客男女吃好了

美味的周六，一起吃一顿吧

美味的广场

外卖吃得开吗？

家常饭天才"饭朋友"

粮食日记：辣炖鸡块篇

西式西餐

美食复仇者联盟

我家里没有电视，但也听说过这些节目，或是在网上接触过这些节目的照片。社交网站上则更加过分。这真的只是"吃得好"吗？越来越多的主播在桌子上堆了满满的食物去做"吃播"，还有越来越多的人不停地上传修好的食物图，把社交平台变成所谓的"吃货照片墙"。这会让人觉得整个国家都被饿鬼附体，就只执着于吃吧。

孟子曰："食色，性也。"食欲和色欲是人类原始的欲求，但需要如此执着于"吃"吗？实际上吃所能带来的快乐很容易得到，且相对便宜。不知道是不是因为这个原因，很多人把吃作为解压的方法，媒体也总是把吃当作噱头。在个体经营者数量特别多的韩国（其中饮食类占比很大），这对彼此来说似乎并非一件坏事。

而事实是，一方面，他们声称吃得好是人生最大的乐趣，向大家展示肚子快要吃爆了的样子；另一方面，他们又用相机偷拍那些体形纤瘦、外貌出众的艺人，向公众出售减肥药品……

世界难道就是这样一个奇怪的轮回吗？

"吃得好"如果如此重要，那么我们难道不应该关注这些食材是如何培育的，又是如何来到我们餐桌上的吗？

当我正在为了"吃得好"而苦恼的时候，偶然在社交网站上看到了某知名企业家上综艺节目的截图，于是我立马付钱看了那一集。

主人公现在是市值总额超过 1 万亿韩元的企业创始人，还是第一大股东，在该领域已经占据顶尖位置超过 20 年，是大众所熟悉的面孔。

他出道后的 20 年里，作曲共 500 多首，其中 40 多首登上各音乐榜单榜首（该数据统计至 2014 年，据说到 2019 年超过了 50 首），有着令人叹服的创作能量，即使马上就要年过半百，可他还是能够凭借健硕的身材驾驭皮裤。

现在他已经出了专辑、开了演唱会，也上了电视节目，给人一个亲民的形象。但我完全没想到他能够培育出那么了不起的公司（他甚至在 20 多岁的时候就把自己的目标定位为要赚 20 亿韩元）。

虽然他的成功故事很了不起，但让我更加惊讶的是他谈到关于吃的事，这也是我想在节目里看到、听到的东西。他早晨 8 点 30 分会喝一杯烧酒杯大小的有机橄榄油，然后会吃各种维生素、营养品、坚果、水果、乳酸菌。到这里，和我们经常看到的那些健康节目中介绍的健康食品并没有什么不同。真正重要的点是，他从前一天晚上 8 点开始，除了水之外不摄入任何食物。这就是所谓的空腹 12 小时。

每周只吃三顿晚餐，每天早上 8 点 30 分补充营养（比起吃饭，说补充营养感觉更合适），12 点吃中午饭，除此之外什么也不吃。现在随处可见的各种美食，他反而不怎么吃。

"与其寻找对身体好的食物吃，不如不吃那些对身体有害的食物。"

他保持这种生活习惯将近 20 年，他说之所以能够保持健康和幸福的生活，秘诀就在于他的饮食哲学。

为了贯彻他的饮食哲学，他的公司一直使用有机食材，餐费每年要花费 20 亿韩元。餐具一概不使用含有环境激素的塑料材质。除此之外，为了不留下厨余垃圾，公司只按照前一天预定的量去配餐，这一点更是了不起。

因为我也是对垃圾敏感的人，每次我做饭或点餐时，都追求"即使稍微有些小遗憾，配餐也不能太满"的原则，可是韩国人的美德中都追求"即使剩下，也要给够给足"，所以在这种环境下，我很难发声。

即便如此，我也从来没想过像他那样缩减食物的摄入，可是看了那个节目之后，我深深地陷入他的饮食哲学中，决定跟着做做看。

我先尝试空腹 14 小时。

实际上，空腹 14 小时听起来很不容易，可做起来并没有那么难。吃完晚饭后就马上刷牙漱口，宵夜和零食全部不吃。

早晨 8 点 吃早饭
中午 12 点 吃午饭
晚上 6 点 吃晚饭

如同平时吃饭一样，每一顿吃得饱饱的，只要不再吃零食，那就已经是空腹 14 小时了。

这些我也知道，然而晚饭过后什么都不吃并不容易。我在晚饭后、睡觉前的这段时间，总是喜欢吃水果和巧克力饼干。最开始挑战空腹 14 小时的时候，经常肚子饿得睡不着觉。如果饿了太久，早晨起床就会感觉很难受。

于是我使出了新的招数。晚饭过后，如果肚子饿得不行，我就喝一杯卷心菜汁。早晨一起床，再喝一杯卷心菜汁，这样就可以保护胃。这样过了一周之后，我在不知不觉间适应了空腹，也没有失眠的症状了。当肚子饿的时候，我就想快点入睡，于是睡眠的时间也提前了，睡眠的质量也更好了。

就这样，从最开始尝试的空腹 12 个小时，变成了最适合我的空腹 14 个小时。在成为大富豪的路上，空腹 14 小时真的有太多太多的优点。

### 1. 节省大量餐费，自动做好理财

我本身对物质并没有什么要求，以前只要还能喘气，每个月就要花费 150 万~180 万韩元，原因就出在餐费上。在餐费中，水果的花销最大，家人们都称我为"水果杀手"。我每天都要吃水果，而且只要吃上，就要吃很多。不幸的是，在韩国，水果的价格真的很贵。我经常去的那家水果店的老板和我说："好吃的东西就是贵！"这句真理让我铭记在心。也不是什么名牌包包，单单就买点水果还得专门去逛百货店的食品专区，我可真是水果发烧友。

虽然我赚得不多，但水果是一定要吃的。每日光水果费就要 1 万韩元。自从开始空腹 14 小时之后，水果费减到了以前的三分之一。该吃饭的时候就吃饭，吃完饭肚子就饱了，也不能一次性吃很多别的东西。我现在已经养成了习惯，主要在早晨吃水果，晚饭前再稍微吃一些。这样一来，买水果的钱节省了一大笔。

## 2. 皮肤有光泽，变得更健康

这是我亲身经历的一个惊人变化。我从初二开始，一直到开始空腹 14 小时之前，脸上一直伴随着粉刺。从青春痘到化脓性粉刺，再到小米粒大小的粉刺、成人痤疮，各种各样的粉刺、痤疮把我的脸当成它们生长的沃土，它们就这样在我脸上住下了，还不交税钱。

我的脸总是粗糙不平，布满粉刺。我以为所有人都是这样，直到我碰到男朋友那光滑的皮肤才觉得很神奇。

皮肤科治疗、皮肤管理室、口服药、外用药……投入在治疗粉刺中的钱和时间如果能够用到其他地方的话，我早就变成富翁了。可这该死的粉刺好像喜欢我一样，就是不离开。

在开始空腹 14 小时几个月后，在某一天洗脸的时候，我忽然感觉脸变得光滑了！我亲眼见证了粉刺逐渐在减少。以前我出门之前一定要涂 BB 霜和气垫霜，现在出门之前除了乳液什么也不用涂了。

以前的我到处寻觅昂贵的精华液；现在的我，平日里从早到晚只涂乳液就完全够用，皮肤还比以前更加水润，真是太神奇了。

## 3. 变得更有精气神

有很多朋友在早晨起床后，为了让困意褪去，会摄入很多咖啡因。自从我开始空腹14小时,每次起床时都会觉得身体和精神同时在苏醒。怎么说呢,是感觉变得更加敏锐了?还是脑袋更加清醒了?一段时间不摄入任何食物,身体可能会出现危机意识,所以神经会变得更加敏感。

朴振英之所以可以不知疲倦地应付这么多工作,就在于空腹所带来的能量,这一点也是我的切身体会。

### 4. 慢慢品尝的喜悦

每天早晨睁眼的那一瞬间是幸福的。因为终于可以把昨晚忍着没吃的水果都给吃掉了!过不了一会儿就又要吃午饭,所以也不能吃太多水果。一口一口仔细品尝水果滋味的时光是很宝贵的。

是不舍得而慢慢品味的快乐,是忍了好久终于吃到的快乐。

这是在如今这个时代很难体会到的快乐了。这让我认识到,快乐也分很多种。

### 5. 向小病说不,让你身轻如燕

虽然我对减肥没有什么兴趣,可还是觉得有点肌肉看起来会美观一些。于是我运动了一段时间,还曾强迫自己吃蛋白粉。但这种生活在我开始空腹14小时之后就离我远去,随之而去的还有我曾渴望的体形。可我确实感觉我的身体比以前更加轻快了。

　　从我开始空腹 14 小时之后的一年零两个月里，我从来没有患过感冒，也没有乱七八糟的小病。两年前，我刚到富川的时候，由于生理期的疼痛，我曾一天内吃了 5 片止痛片。自从我养成空腹的习惯，只在生理期的第一天吃一片，而且从上个月开始我就停用止痛片了。虽然我不确定是不是空腹的原因，但只要有人问我保持健康和精力的秘诀，我都会回答说是空腹。

　　"与其寻找对身体好的食物吃，不如少吃那些没必要吃的食物。"

　　这是我亲身实践的真理。

## 时间管理·擅用时间账本

　　我生活的富川到处都藏着美味的小店。虽然外表看起来很普通，但做出来的食物无论跟哪里比都毫不逊色，而且价格也是令人难以置信的便宜。特别是有一家我常去的家常菜馆，那里的下酒菜连白种元吃了都竖大拇指（原本的价格是 5000 韩元，现在因为各种各样的原因涨到了 6000 韩元）。这家店的小菜每天都换不同的花样，极富创意，就算英国的杰米·奥利弗[1] 看到都会大跌眼镜。这家店距离我家步行也就 3 分钟，真的是很幸运。

　　发现这家小店后，我本来一团糟的饮食生活变得井然有序。

　　这家店的店长是个 50 多岁的女性，外貌和穿着有点特别。

---

1　英国著名厨师，著名媒体人。

头发染成了黄色，两鬓剪得很短，脖子周围文了蛇和蝎子的图案，如果不是熟客，她不会对人家很亲切。

不过想想也是，既要做饭，还要负责经营、清扫，这些都得她自己一个人做，来客人会很忙的。至于那些嘴上喋喋不休的客人，也没有迎合的必要。店长独特的头发和文身也可以看作一种警告。一个女人独自经营一家店是很辛苦的，难免会遇到撒酒疯的客人，要么就是丑态百出、搬弄是非的人。在脖子上文一个巨大的蝎子，是能让那些家伙敬而远之的办法之一。

当然，像我这样善良听话的回头客，店长还是很愿意接待的。我尽量挑不那么拥挤的时候去，每次上的小菜都会吃光，洒在桌子上的调料会用手纸擦干净，用餐完毕后将碗筷整理好送到厨房。

吃完饭离开店时，我不忘九十度鞠躬感谢。不仅仅是因为5000韩元的价格，还因为每天等待着我的那些诚意满满的菜单，让我节省了很多时间。

首先，我不用每天考虑吃什么了。以前找不到称心如意的饭馆，就得自己做饭。本就对做饭没什么兴趣的我，如果非要做饭的话：

1. 考虑今天要吃什么的时间：最少10分钟。

2. 逛市场的时间：最少30~40分钟。（包括挑选和排队的时间。我很讨厌排队，无论是多美味的饭馆，只要需要排队，我就立马放弃。）

3. 准备材料、烹饪的时间：最少 30~40 分钟。

4. 吃饭的时间：10 分钟。

5. 饭后整理、刷碗的时间：20~30 分钟。

6. 考虑剩余食材的盛装方式，以及之后怎么处置的时间：10 分钟。

7. 最后还是把它们都扔掉了。


一天最少要吃两顿饭。当我们意识到时间就是金钱的时候，这种家常饭馆就会给我们带来很庞大的价值。我只需要花 10 分钟的时间在这家店吃口饭，然后就可以把精力都集中在写作上了。


"时间就是金钱。"


当你深切体会到这句话的含义时，就可以认为你的内心已经种下了成为富翁的种子。我第一次感受到时间就是金钱，是我在书店买书的时候。在我刚开始实施富翁计划时，都是去图书馆借书。因为当时没有买书的经济条件，当我有想看的书时，就要去图书馆填写图书申请表，然后只能看其他的书，等着那本书的到来。如果觉得看的书中有收藏价值的，才会去店里买。不知道从什么时候开始，如果我有想看的书，就会直接去书店。与其等着图书馆开门，填写图书申请表，不如直接把书买下来更有效率。

比起钱，时间更重要。从我深切感受到这句话含义的那一瞬间开始，我就再也不担心钱的问题了，我担心的变成了如何去赚取时间。如果最开始实施富翁计划时，我的目标是"无条件地勒紧裤腰带，最大限度地节衣缩食"，那么现在我的目标就变成了"做好时间管理，用好每一分、每一秒"。

因此，我接受了从 2020 年 6 月开始月薪减少的事实。我将每周去诊所上班的天数从 4 天缩减为了 3 天，变成"牙科诊所 3 天，写作 4 天"的工作模式。

因为我的主要固定收入来源依旧是牙科诊所的薪水，所以我还不能从诊所辞职。我以前为了得到加班费，主动要求每周上 5 天班，可现在我觉得比起去牙科诊所工作，坐在桌子前写作的时间更加有效率，所以就不再加班了。我既要为下一本书的出版做准备，还要在博客上更新文章，再加上新接的创作电视剧剧本的工作，每周 4 天的写作时间也是不够的。于是，最近我主要关心的事只好变成时间管理了。幸运的是，在开始富豪计划之前，我就买了时间账本，所以对我来说没有那么困难。

时间管理的基础——
时间账本

以"本"字结尾的词汇中，好像没什么有意思的词。家庭账本、汽车账本、金钱出纳本……但时间账本好像相对强那么一点。对于记录家庭账本频频失败的我来说，记录时间账本却并没有什么压力。

我是从 2018 年开始记时间账本的。当时对时间管理没什么概念的我，正在创作人生中第一部电视剧剧本，每天都要思考如何才能让写出来的内容不在公司会议上被否决。就这样，我自然而然地制定了每天的计划表，现在看来，那个就是时间账本了。

时间账本的模式是将每天以 30 分钟为单位分成若干份。据说比尔·盖茨会一次性制定一周的计划，并以分钟为单位精确地实施。但我们还不是那个程度的富翁，所以先从比较宽松的计划开始也是不错的。

我一般是在睡前想一下明天的计划，先制定一整天的计划表。举个例子，我现在正在写这篇文章（2020 年 6 月 27 日晚 11 点），如果制定明天的时间表的话：

# 6月28日 星期六

| 上午 | |
|---|---|
| 早晨 7 点 30 分 | 起床，喝一杯水，俯卧撑 30 个，洗漱 |
| 早晨 8 点 | 去地铁站 |
| 早晨 8 点 20 分 | 去牙科诊所旁的巴黎贝甜买一个红豆面包，上班（本来诊所的上班时间是 9 点 10 分，我一般会提前 20~30 分钟到达） |
| 早晨 8 点 30 分 | 喝着热茶、吃着面包，读经济新闻 |
| 早晨 9 点 | 诊所正式上班 |

| 下午 | |
|---|---|
| 下午 2 点 | 诊所下班 |
| 下午 2 点 30 分 | 逛教保文库[1]（需要买的书：《为偷偷准备创业的你提供的绝世战略》） |
| 下午 3 点 | 午睡 1 小时 |
| 下午 4 点 | 在咖啡店或家里写作（至少校对两篇要发到写作出版平台 Brunch 上的稿子，或者定一个新文章的主题然后写初稿） |

---

1　韩国的一家大型连锁书店，隶属于教保集团。

| 晚上 | |
|---|---|
| 晚上 7 点 | 吃晚饭（周末常去的那家饭馆不开门，可能要吃炒年糕加紫菜包饭了），联系明天新搬进来的住户 |
| 晚上 8 点 | 读书（乔·吉拉德的《谁都有最好的一天》[1]） |
| 晚上 9 点 30 分 | 打扫卫生间 |
| 晚上 10 点 | 自由时间 |
| 夜间 12 点 | 就寝 |

天啊，这样一看，我是不是也成了能够写详细计划表的人啊？可能真的能成为大富豪也说不定啊。

无论是以 1 小时为单位，还是以半小时为单位，或者只是填一个日程表，都无所谓。时间账本的核心就在于睡前需要思考并自行决定明天要做的事，自己去操控自己的人生方向。适应了先制定一天的时间计划后，就可以像比尔·盖茨那样制定一周的计划，进阶后也就可以像"富翁姐姐"柳秀贞[2]那样，

---

1　原著 How to sell anything to anybody，韩文译本翻译成《谁都有最好的一天》。

2　柳秀贞（音译），金融人，曾出版过《富翁姐姐的富翁讲座》等书籍。

直接勾勒出 10 年的规划图。

我只是将四十五岁之前攒够 10 亿韩元当成目标而已，到目前为止还没有以周为单位制定过计划，也没有制定过 10 年的规划图。乍一听好像是在狡辩，但我觉得我是偶然来到了富川这座陌生的城市，又偶然开始接触到关于金钱的知识。我经历的人生变化也都是由无数的意外和未曾想见的偶然组合而成的。

但我们总是要留出思考的时间。要像世界顶级的大富豪比尔·盖茨那样，确定一周的时间为"思考周"。虽然没法像他那样，在闲暇时拿着一袋子书去湖畔旁的家中慢慢品读，可一周总要有几个小时躺在床上看着天花板发发呆，要么就是坐在书桌前翻翻日历，在日记本或笔记本上写下脑海中浮现出的想法，留出整理自己思绪的时间。

大体上要思考一下上个月令自己印象深刻的事，见过的人，这个月一定要做的事，今年想要做成的事等。偶尔也可以预测一下来年会发生什么事，虽然不用制定具体的计划，但也要大体考虑下未来的事。这样一来你就会知道：想象未来几年的理由是什么；通过记录时间账本确定要实现的事是什么，其理由又是什么；生活中我追求的东西是什么，等等。

我的人生以 10 年为一个周期，每个周期都产生了很大的变化。从 18 岁开始，到 28 岁为止，我集中精力做的事就是谈恋爱，在谈恋爱上花费了大量的时间。28 岁开始，到 38 岁，我的话题离不开"爱"，现在我隐约知道了什么是爱。这样一来，如果我再投资十年的时间，到 48 岁，会不会对钱这个东西有个大概的了解呢？

48 岁以后的话……不清楚了。

48 岁以后的金艺谙在追求着什么呢？她又在过着什么样的生活呢？是像现在所希望的那样，不再被金钱束缚，每天只在寂静的家中，一边看着窗外的绿色，一边写作吗？那时我身边的人又会是谁呢？我人生的话题又变成了什么呢？虽然我无法猜测，但无论是那时还是现在，我都确信，我写下的时间和文字都只为了向我自己诉说。

珍贵的瞬间需要经常创造，反复品味。

不要将时间浪费在对自己造成伤害的事上。

计划和偶然，我的世界和他人的世界，既要适当地混合，也要保持适当的距离。

如果 10 年后还可以保持这种平衡，还可以有属于自己的思考时间，那样的人生不也是挺不错的吗？

## 存折·分立账户，
## 给它们起各自的名字

工作中有一个词叫"顺差破产"。

顺差
破产

单纯从字面上来看，逆差意味着减（-），顺差意味着加（+），可为何要在顺差后面加上破产这种可怕的词呢？我怎么也理解不了。于是我查了词典——

顺差破产
即企业经营呈现顺差，但因资金无法回转而导致破产。

也就是说，即使在财务报表上都显示"+"，可如果资金回转不到位的话，也可以导致破产。一般的企业与银行、企业与企业之间主要通过票据、支票等进行交易，但此时如果没有能够周转的资金，那么即使在财务上是顺差，也会最终导致破产。所以对于企业来说，现金流很重要。

要做成一番事业，现金流的重要性是不言而喻的。邻国日本有一位凭借亚洲独特经营哲学而闻名的总裁，被称为"总裁中的总裁"，他就是武藏野股份公司的小山升总裁。他每堂课的讲课费按韩国的货币计算超过1000万元，他以给其他公司的总裁讲授经营方法而闻名。他给总裁们讲的第一节课就是现金流，核心就是如果不适当补足周转的现金，那么企业将很难存活下来。可现金流真的只是企业才会面临的问题吗？

我们长大成人之后要养活一个家庭，就可以把自己看作一家企业。虽然我是一个40岁却没有孩子的"一人企业"，但是和与配偶组成的"两人企业"、四人家庭组成的"四人企业"没什么区别。对于经营一个家庭来说，现金流十分重要。

在家庭经济中，现金流的重要性是不可忽视的。请大家看看两年前的金艺谙就明白了。虽然账面上确实有钱，但没有实际的钱握在手里，现金流阻塞，可以说是得了"钱脉硬化"。

这是"金艺谙公司"顺差破产的前兆。

明明在合同上签了字，也有进账的钱，但就是拿不到，就连已经攒的一大笔钱也都交了全税金。虽然纸面上写着数字金额，但没有可以周转的现金。

从未体验过奢侈生活的我那时候也没有什么理财技巧，每个月光喘气，150万韩元就没了。光是生活费吗？由于无法想象的支出不断增加，我只能向家人伸手或把在澳大利亚赚来的钱进行换汇来维持生活，但终究没能避免"钱脉硬化"的现象。

### 现代人的顽疾，"钱脉硬化"的主要症状

1.每个月1日、5日、9日、15日、25日，即信用卡还款日临近时，会变得焦躁不安。

2.家人和朋友的特别日子——生日、节日、结婚典礼、周岁宴、乔迁宴等，需要交钱的日子一到，心情就会变得抑郁。

3.家人（或者朋友、恋人）之间不悦的对话（例如"手头有钱吗……"）引起的不合和频繁的争吵。

4.经常用信用卡取现，哪怕是小额（引发信用等级降低的最坏习惯）；还有深陷负资产的魔爪之下而自暴自弃（如果不尽快偿还，就会利滚利，利率将比普通贷款更高。而且只要踏进了负资产的大门，就几乎没有人可以偿还本金后离开）。

5.无论遇见谁，谈话的内容都是抱怨，与周围健康的人离得越来越远而带来的孤独和寂寞感。

不能一直这样下去。我决定利用这次学习金钱知识的机会，

将"金艺谙公司"进行一次刻骨铭心的结构调整。我认真研究了摆脱"钱脉硬化"的方法,神奇的是,它和现代的成人病——动脉硬化的治疗方法非常类似。

### 1. 健康的饮食习惯

禁止暴饮暴食,禁止点外卖。点外卖一般都是当作宵夜,而且很多时候,我们为了达到满减金额,还需要添加不需要的食物。装食物的塑料容器对环境也不好。晚上 7 点以前一定要吃晚饭,然后刷牙,除了水之外不要再进食任何东西。之前提到的空腹 14 小时这种间歇性的断食是有很大帮助的,不仅能够做好健康管理,还可以节约饭钱,这样就避免了因为过于节省开支而造成压力。

### 2. 健康的生活习惯

每周做三次轻运动,保证充分的睡眠。虽然之前我也曾和私人教练一起努力做过肌肉锻炼,但是需要吃蛋白粉加运动来维持肌肉,这让我很有金钱方面的压力。最近我每天走一万步,早晚做俯卧撑来进行锻炼。减少了去健身房的时间,但还可以保持轻盈的体态和适当的肌肉,真好。睡眠时间绝对不可以缩减,每天尽量睡 6~8 个小时。

### 3. 向专业的"医生"问诊，进行适当的"药物治疗"和"手术"

读关于金钱方面的书，学习金钱的知识，尤其要分立账户。

第3点所谓的"向专业的'医生'问诊，进行适当的'药物治疗'和'手术'"，并不是说让你漫无目的地胡乱见什么"资产管理师"。他们的最终目的是要卖给我们以"变额万能"字样开头的产品[1]。如果自己不具备基本的辨别方法，单纯凭借他们的话就购买投资商品，风险是很大的。

首先要自己找书读，去学习钱的知识，这是很重要的一点。有一个词是你百分之百会遇到的，那就是"分立账户"。

分立账户的概念如果能够运用在自己身上，不仅可以治疗"钱脉硬化"，还可以让你在没什么钱的情况下体验到富翁的感觉。在理财书中提到的基础中的基础，就是要将账户分立。

分立账户的核心有两点：

1. 为了做好第一步的准备，得先有固定的进账。
2. 创造属于自己的分立账户的方法。

---

1 这里指的是韩国的变额万能险，也就是推销保险的意思。

因此，对于现在还没有工作的人来说，首先要翻看招聘网站，即使工资只有100万韩元，也要到每个月都能给自己钱的地方去。可能有人会说："什么啊，我不愿意去公司上班，我买了这书难道是为了坐上通往地狱的列车吗？"对不起，先上车再说（我为了能够将账户分立，每天早晨都要坐地铁1号线上班）。

真心讨厌乘坐地狱列车上班的人可以自己开个公司。但电视剧《未生》中有一句经典台词："如果公司是战场，那外面就是地狱。"对于没有准备的人而言，哪里都是地狱。而对于想创业的人来说，他们更应该在相关行业里过几个月的工薪族生活，拥有一定的准备时间是很必要的。

好了，下定了决心，每个月有钱进账，就可以正式开始分立账户了。刚开始分立账户时，一般先设立四个账户。

1.工资账户：又称"收入账户"。

2.支出账户：还信用卡、交税的账户。

3.目的性储蓄账户：买房子、旅行的钱也好，立志一年要攒1000万的储蓄钱也好，总之是要攒大钱的账户。

4.应急储备金账户：一般要存本人工资3倍左右的应急储备金。

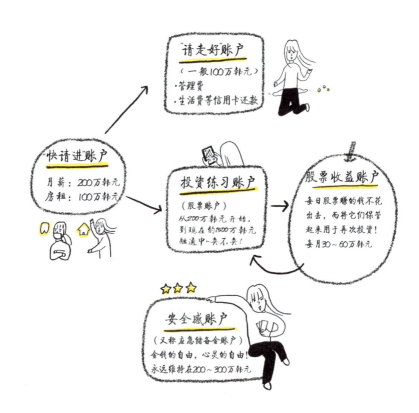

"请走好"账户

（一般100万韩元）
•管理费
•生活费等信用卡还款

"快请进"账户

月薪：200万韩元
房租：100万韩元

投资练习账户

（股票账户）
从200万韩元开始，
到现在的1500万韩元
融通中~卖不卖！

股票收益账户

每日股票赚的钱不花
出去，而将它们保管
起来用于再次投资！
每月30～60万韩元

安全感账户

（又称应急储备金账户）
金钱的自由，心灵的自由！
永远维持在200～300万韩元

以上这四个账户可以根据自己的实际情况进行调整。我还开发了给账户起名的方法：

### 1. "快请进"账户（工资账户）

在牙科诊所打工的月薪账户。每个月的工资一进账，马上就打到另外三个账户中去。除了发工资的25日，其他时间这个账户的金额应该维持在0元。

### 2. "请走好"账户（支出账户）

信用卡消费、借记卡消费，以及支出各种税金的账户。需要确认每个月还信用卡的日期和金额。

### 3. 投资练习账户（股票账户）

将在牙科诊所赚的200万韩元月薪转到这个账户，原封不动地投到股票当中。这也就是所谓的为了投资练习而专设的股票交易账户。

### 4. 股票收益账户

我的股票哲学就是：每天赚1万韩元的咖啡钱。这样一来每个月就可以达到赚30万韩元的目标。不花通过股票赚来的钱，而是将这些钱保管起来用于再次投资。一般的经验是先把买硬币[1]赚来的钱存起来，再买绩优股、红利股。而我从一开始就偏爱绩优股和红利股。

我的投资哲学是：即使挣得不多，也要选择安全的方向。

### 5. 带来安全感的账户（应急储备金账户）

分立的若干账户中最有趣的要数这个账户了。我目前未婚，所以不需要养活好几口人。这样即使将全部的月薪都当作现金储备，也足以在非常时期获得现金流。这个账户只要在那，心里就会很踏实。

对个人来说，现金流也很重要。当我看着账户里的钱满满当当时，就深切感受到了这个道理，因为这给予我心里足够的踏实感。即使某个月支出比想象的多，即使喜欢的作家又出了新书，即使妈妈和大姨又出去旅游了，即使朋友们又传来搬家的消息，即使又见到朋友的小孩……只要有这个账户，就没有必要担忧了。从对存款的担忧中解放出来后，我也有了用钱偿还人情的自信。这不就是大富豪的感觉吗？

---

1　韩币1000元以下都是硬币，这里指可以用不到1000韩元买下来的股票。

## 通道 · 睡觉也能挣钱

她的名字叫凯西。

凯西和我初次见面时，我是共享民宿房主，而她是房客。2019 年的夏天，凯西去了江南区的一家女性专用共享民宿，当她看到室内完全没有清扫的样子时，马上转头来到了富川。

她当时穿着一条牛仔裤，搭配一件舒适的 T 恤衫，背着背包，打扮很简单。她一开口说话，我就发现她的口音和我很像，一问才知道，她出生于庆尚南道的金海。

她 1995 年出生，2019 年虚岁 25 岁。

我是 1982 年出生，比她大一轮还多，相差 13 岁。但我们马上就成了好朋友。我的男朋友在澳大利亚，她和我男朋友是同岁，所以我们相处起来很舒服，可即便不是如此，凯西也是任何一位房主都不会不喜欢的房客。第一，她很独立；第二，她很有礼貌；第三，她总是将房间收拾得很干净；第四，她和其他人相处得很和谐。

她很有魅力，无论走到哪里，都能在朋友间获得很高的人气，可令我意外的是，她很喜欢待在家里。可能因为她小学毕业后就去了澳大利亚和加拿大留学，所以她在韩国的朋友只有两三个。

她上一个生活的地方是纽约，本科期间学的是心理学，等待研究生入学期间短暂地在韩国待了一阵。她说她在美国的时候偶然间帮助一个朋友翻译了毕业视频的字幕，她这次就是为了见这位朋友才来的首尔。

凯西和其他90后一样，非常喜欢看视频网站来度日，大部分的时间都想着学点什么。特别是在我家的一个角落里发现一把吉他后，她几个小时一动不动地看着视频网站摆弄吉他，当天晚上就完全掌握了一首流行歌曲。在公园散步的小路上有一架钢琴，她会小心翼翼地把手指放在键盘上，说她在视频网站上学过一点，也不知道能不能成功。接着就熟练地弹出了几支曲子。

凯西各方面都很优秀。我和她一起在小学操场上跑步，她会把我甩得很远；即使是玩单杠，她坚持的时间也比我长。我感到很惊奇，而她却很沉着地给我讲着要点：

"跑步的时候要想提升速度，与其将力量都集中在前脚，不如加快后脚的步伐。"

她还会滔滔不绝地告诉我为什么英语会如此容易理解……这一周里，我完全成了凯西的粉丝，并给她免了两周延租的租金，这也算是一种才华的物物交换吧？我真的从凯西身上学到了很多东西，她也算是我的老师了。

有一天，我问凯西：

"凯西，你的梦想是什么？"

问题一出，凯西立即做出一阵思索的表情，接着她一本正经地说出了自己想要实现的梦想，让我大为惊叹。

"嗯……我想在40岁出头的时候退休，实现财务自由。"

财务自由？

这个词我第一次听，真是很难为情。什么是财务自由呢……

财务，财务就是金钱。到目前为止，我所认识到的金钱，就是上班、压抑、头疼、痛苦。"自由"好像是蓝天底下飘过的徐徐微风，"财务"这个词是绝对不会和"自由"放在一起的。

更让我惊讶的是凯西谈到财务自由时的态度。和她相处的几周里，从近处看，她非常朴素节俭，但一谈到钱，她说话的态度就非常积极，而且她能很光明正大地说出想赚很多钱。

"啊……那个……如果财务……自由……了的话，你想做什么啊？"

"嗯……我之所以想赚很多钱，就是因为想和其他人好好相处。只有我实现了自由，才能自由地对待别人啊。我想享受幸福，分享爱情，赚取更多的自由。那时，不管能不能赚到钱，都可以安心地学习自己想学的东西，并与别人分享。"

当我问她在纽约最喜欢的地方是哪里时，她笑着说，是自己的房间。她觉得在自己的空间里可以读书、听音乐、学点东西，这对于她来说再好不过了。为了能让这样的生活更长久、更舒适，从现在开始就只能更加努力了。

这世上既有准备在 40 岁左右就要退休的精英凯西，还有马上就要 40 岁的我。我本来是想打听一下关于购房贷款的事，却因为年收入丢尽了脸面，现在好不容易才了解了一些关于金钱方面的知识，我决定，也把实现财务自由当成我的目标。当时我的年纪是 38 岁，目标是到 45 岁攒够 10 亿。我只有 7 年的时间了，很是紧迫。为了实现财务自由，需要迈出第一步，所以要给这个目标起一个新的名字。于是我起了一个和金钱有关的名字，十分露骨且无所顾忌。

这个计划的名字就是"Cash 和 Bill[1]"。25 岁的凯西和 38 岁的比尔迈向财务自由的旅程就这么开始了。

总是想念韩国的凯西最终放弃了读研，准备就业。她会利用闲暇时间在线上教英语，为了未来的发展，还报了公费的大数据课程。她认为，比起无止境地挣钱、节约，在学习和经验方面投资更加重要。

我既要偿还买房的贷款和从妈妈那借的钱，还要准备面对希望渺茫的未来，所以只能在牙科打工，一有机会就读关于金钱的书籍，这样才能让身体和大脑快速运转起来。在学习的过程中，也遇到了像"财务自由"这种虽然生僻但也很神奇的词汇。

其中最神奇的要数"消极收入"和"通道"。如果理解了这些概念，就会像被施了魔法一样，将 200 万韩元的月薪全部存入银行。

好的，在说消极收入之前，我们先来了解一下"积极收入"的概念。所谓积极收入，就是字面的意思，通过自己积极的劳

---

1　"Cash（现金）与 Bill（账单）"这个名字和凯西以及作者自己的英文名正好相同，有一语双关的效果。

动赚取的收入，例如每个月上班所赚的月薪。对于我来说，在牙科诊所打工赚的钱就是积极收入。

对于大部分的人来说，积极收入是他们全部的收入，如果每个月挣 200 万韩元，别说储蓄了，就连对付当月的生活都是紧巴巴的，我就总是这样。

那么，在这个死循环中，能够拯救我们的消极收入到底是什么呢？消极收入用英语说就是 Passive income，如果直译的话，就是我即使消极怠工，也能获得的收入。用类似的词汇表达就是副收入、被动收入等。

沃伦·巴菲特曾经说过："如果你没找到一个睡觉时还能挣钱的方法，你将一直工作到死！"如果想在睡觉的时候挣钱，那就必须有消极收入。举个例子，房屋租金、从红利股获得的红利、书的版税、在视频网站或是博客上创造的广告收入、通过共享民宿等方式的所得都属于消极收入（在视频网站或其他网站上输入"消极收入"等词汇，会出现各种各样的方法）。

除了积极收入外，为了让资金的流入渠道更加广泛，以创造消极收入，就要建立"收入通道"。我一到牙科诊所工作，就能把 200 万韩元的月薪全部存起来，这也是托了我建立的"收入通道"的福，能够得到消极收入。

以 2020 年 4 月我的工资表为例进行说明：

1.牙科诊所月薪200万韩元。一般每周工作4天，加班1~3次能多赚10~30万韩元。这就是一般的积极收入。

2.将我家做成共享民宿。我把家里做了分区，占用了客厅的一部分，这样就有三间房可以出租。不收保证金，包含公共费用，按照一人一屋的原则，大房间是35万韩元，两个小房间各30万韩元，这样就又有100万左右的收入。

3.股票。将每月进账的200万韩元月薪攒起来，攒到1500万作为原始资金，我的目标是一天获得1万韩元，一个月获得39万韩元的收益。这个月连股息都回购了，获得了40万韩元的收益。

4.《我的富翁计划》这本书的定金200万韩元。虽然不是固定收入，但这本书可以一直成为我的收入通道。

除去书的定金，每个月的积极收入是200万韩元，其他副收入加起来一个月差不多有140万韩元。以一年来计算，年收入从2500万韩元一下子涨到了4000万韩元。这就是收入通道的奇迹。由于节省的习惯已经深入我心，月支出只要140万韩元就足够了，因此可以将牙科诊所的月薪全部存起来。这样一来，我上班路上的脚步都变得轻盈了。因为不管怎么说，只要上班工作，这些钱就都会堆在股票账户里。

关于"通道（Pipeline）"，我还有另外想要说的话。字面上看起来如此简单的概念，在我的日常生活中却占有极不平凡的地位。

虽然我现在说起来可以一笑而过，但当时建立这个通道时可比想象的要费时间和精力。首先需要放弃的就是生活和工作的平衡，像我们这种被称为"土汤匙[1]"的小市民短时间内很难成为富翁，那几乎可以认为是不可能的事。那些告诉你有捷径的人大多不是传销就是邪教。

我之所以刚买房子就可以把家里做成共享民宿，是由于在过去的两年里，每天都能获得1万韩元的共享民宿收入而打下的基础。天气好的时候我不去兜风，而是站在洗衣机前等着被子洗好；如果发现天上忽然落下雨点，就得马上爬到房顶收起晾晒的枕头和被子；如果有凌晨坐飞机来的外国租客，我需要凌晨4点起床去接机；好不容易回到故乡和家人们度过一段时间，收到租客说厕所便池堵了的消息，就又得急忙回到家里处理。无论有多疲惫，只要第二天还有入住的租客，就需要打开消毒水进行一场大清扫。正因为有这些过往，我才有了现在的100万韩元。

股票又是什么情况呢？因为原始资金并不是很多，为了保

---

1　形容没有良好家庭背景出身的人。反义词为"金汤匙"。

证一天可以赚 1 万韩元，需要每天早晨在上班的途中读金融媒体的文章，收盘之后去证券网站查看一下当天的股票情况，然后再读经济新闻。即便如此，也会有跌了而被套牢的股票。

归根结底，"通道"就是我努力的结果，并不是上天给的馅饼，一下子就掉到我面前。

通道 1：每周四次的牙科诊所打工人（其中有夜诊两天，从早晨 9 点到晚上 9 点）。

通道 2："金艺谐民宿"的房东姐姐。

通道 3：作家。

为了靠近我所制定的目标，从几个月前开始，我决定以早晨 6 点起床为目标，成为"早起达人"。早起并没有想象中的那么难。不管怎样，只要你定了闹钟，就会被闹钟的声音吵醒。但为了早晨 6 点能够起来，晚上 12 点前必须躺下、闭上眼睛，这一点可比早起难多了。柔软惬意的夜晚，我最爱的夜晚，但为了实现我的目标，只能放弃这段时间了。

有的时候，我把家里所有的房间都租出去，自己躺在客厅的一个角落，闭着眼睛冥想：我真的有必要这样做吗？每当这个时候，我就会回想起 2019 年的夏天。在没有空调的家里，凯西为了掌握一首曲子，手里抱着吉他，看长达 6 个小时的视频网站，跟着视频学习。想到凯西，我就又振作起来了。


凯西迎着风坐在电风扇前

豆大的汗珠从她的脸庞落下

她的手指已经弹得红肿

然而依旧抱着吉他不肯放下


正是因为有了凯西，我们可以在每天晚饭后的时间，伴随着她的吉他声一起尽兴地唱歌。


此刻，凯西应该就坐在远离我们家方向的地铁里，认真地编配着和弦。她既是第一次告诉我什么是财务自由的人，也是教会我要为了自己的目标努力奋斗的老师。希望未来的某个时刻，我们可以在目标处相遇，再次微笑地唱起歌。

我们一定会成功的，凯西！

我们一定会的。

# 通道

## "钱缸"·想象力决定赚钱能力

Pot of gold。

直译的话是装钱的"钱缸"，也可以理解为对钱的渴望。

我们每个人都有属于自己的"钱缸"。只是"钱缸"的大小、其中能够装钱的容量不同而已。

我不知道我是否也有这样一个"钱缸"。我过去对钱毫不关心，也没有人和我说过这个话题。我从小在条件中等偏下的家庭里长大，到现在一直没赚过大钱，即使对钱一窍不通也不会有什么不便。

我一直觉得赚多少花多少的生活挺好的。我不喜欢吃零食，也不喜欢买奢侈品，每个月赚200万，如果一辈子都自己生活的话也没什么困难。只要我一辈子都可以以写作为生就好。

只要想到可以一辈子以写作为生，我就不会担心未来的生活。即使上了年纪，还可以在烤肉店帮忙换烤盘，或者在疗养医院做护工，这样也能挣200万韩元左右。职业不分贵贱。在平淡无奇的日常生活中，要有能发现幸福的眼睛。

我几年前参加了区政府主办的月嫂培训课程并顺利毕业，还拿到了二级讲师资格证。我也在为我的未来准备着。


但自从我学习了金钱知识，我意识到，我对钱的渴望可能被我的想象力限制住了。问题不在于是在烤肉店打工还是做月嫂，而在于我为什么总觉得挣200万就足够了。我希望能在日复一日的生活中发现幸福，可是我也可以挑战我未知的领域。现在我才意识到，原来我可以发现未知的幸福。不一定非要像以前那样只拿200万韩元的工资，而是可以直接经营一家企业，或成为共享民宿的房主，用业余时间写作。我可以招一些作家到我的房子里居住，把我的房子变成文学殿堂。我和一个月赚1000万韩元的作家生活在同一时代，为什么我总把自己限定在一个月赚200万的目标上呢？

理由很简单——到目前为止，我所有工作的月薪基本在200万韩元左右徘徊。成为作家后（如果运气好的话），每个季度获得的版税也在200万韩元左右。

正因如此，我能想象到的钱，也就在200万韩元左右了。

我对于"大钱"的概念是没有办法从 200 万韩元一下子突破到几千万韩元的。只要看到的数字超过 7 位数，我就会眉头紧锁，头晕目眩。

后来，我意外地贷款买了房子，结果发现自己的"钱缸"大了一号。

那是京畿道富川地铁站附近，一套 2007 年建的 42 平方米的洋房。在别人眼中，那应该是个很普通的房子，但对于我来说是很特别的。这是我人生的第一套房。交易价是 125000000韩元。

125000000 韩元。

这是我人生中第一次超过 8 位数的交易。

我之所以快到 40 岁还没有考虑买房，是因为我觉得借别人的钱是绝对不应该做的事情。小时候，为了我和姐姐的学费，父母会向亲朋好友借钱，那时候我就觉得借债是不好的事，会麻烦别人。可是，自从我接触到金钱的知识后，才明白原来债务也有好坏之分。平时用信用卡套现、账户变负的这种借债属于"不好的债务"，而用于实际居住和投资的住宅担保贷款是一种"善良的债务"。难怪那些富翁即使自己有钱也会故意负债，并将这笔债务当成杠杆，使自身变得更加富有。我也开始通过贷款买房子，接触钱的知识，将自己的"钱缸"扩容，这也是典型的让债务发光[1]的鲜活例子吧。

　　终于到了交人生中第一套房的尾款之日。我本着一分一毛都要珍惜的原则，决定学习自助申请登记。但因为交易双方都有贷款，所以我果断放弃，将这个工作交给了法务人员去做。银行法务团队的职员、房屋中介、房屋出售人、房屋购买人，全都集中到了一起。

　　就交易一个这么小的房子，竟然需要这么多人。桌子上放的那份合同，以及每个人专业地处理自己工作的样子，令我印象深刻，也非常感激。

　　这是以前那个穿着破烂衣服只知道写作的我，绝对不会遇到的人和事，也是绝对不会体会到的情感。现在的我，和以前从未见过的世界相遇了。这会让我的想象力更加丰富，对我来说是很重要的经历。

　　当然，不是所有人都能马上贷款买房。但如果你还是每个月要缴纳40万~50万韩元的月税租金，不妨通过全税贷款或共享房屋的方式来降低居住费用。这样就可以建立一个为了实现目标的储备账户，为你的未来做好准备。

　　不一定非要拥有自己的房子，不一定要通过大买特买的购物方式来缓解压力，购买自己喜欢的股票也可以培养对金钱的

---

1　韩语中"债"和"光"的发音相同。

欲望。

实际上，如果开始炒股，就会让人主动翻看经济报道。以前的我只要看到娱乐新闻和购物页面就会挪不开眼睛，而现在的我关注的领域扩大了，视野变广了，就会遇到以前根本想象不到的人，发现完全不同的世界。

我从以前经常遇到的人和事中走了出来，开始接触新鲜主题的对话。光是这一点，就足以丰富我的想法和经验了。

踏入未曾见过的世界，和新的朋友们谈论新的话题，这仿佛是去到另外一个次元的旅行。学习了金钱的知识后，我意识到：不一定非要坐上飞机去某一个地方才叫旅行。我的"钱缸"被那些像宝石一样的人填满，我即使难以飞向世界，也依旧可以在一个陌生的地方徜徉流浪。

# 钱缸

第三章  最后冲刺

钱和我，成为一个整体

## 钱·信则有，不信则无

　　我过去曾是一位很出色的恋爱专栏作家。从我在《韩民族日报》网站的评论专栏第一次撰写文章开始，到后来 *Cosmopolitan*，*Allure*，*ELLE*，*Singles*，*Marie Claire*，*Harper's Bazaar*，*GQ*，*Gentleman* 等韩国书店中经常看到的月刊都纷纷向我约稿。不仅如此，我的文章还被连载在韩国海陆空三军都能够看到的兵营杂志《HIM》上的固定专栏中，在韩国首次上市的某海外品牌甚至还聘请我为专属评论人。在某个月，足足有四家月刊登载了我的文章。稿酬也从最开始每页5万元涨到每个A4版面30万元。所以，我可以说自己是恋爱专栏的大明星了吗？

　　在写恋爱专栏之前，我从未以自己的名义出版过单行本，甚至连日记都没正经写过，那我是如何在如此短的时间内就积累了如此充实的经历的呢？我从来没往哪投过稿，都是报社和杂志社主动来联系的我。我的文章就那么了不起吗？不，不是的，其中的理由很简单。

从现在算起，10年前几乎没有一个女人像我一样，公开地对恋爱中的私密事"说三道四"。虽然现在有很多酷酷的女性采用不同题材和视角来描写这些私密，但在10年前，有未婚女性敢公开自己长相和名字并滔滔不绝地讲述自己的经验，似乎是件很神奇的事情。当然，以前在女性杂志上也经常刊登有关恋爱的文章，但可能是各杂志社的编辑们轮流写的，重复着老生常谈的话题而已（即便如此，那些文章也是很有意思的，我总是找来读）。

不过，就连当时以女性为读者的恋爱评论都认为女性只是恋爱中的被动接受者，而非主体；应该把女性的身体和大脑放在男权社会制造的框架之上。

于是我开始从我的经验、我的身体、我的情感的角度出发进行写作，希望能够通过我的恋爱专栏，让更多的韩国女性看到自己。幸运的是，有很多相同想法的热心读者支持着我，使我得以在多家媒体上创作有关恋爱的文章，甚至还接到了参加电视节目的邀请。

刚开始出于好奇心，在书出版之后，还想着能不能因为上了电视而让作品大卖，所以答应了节目的邀请，可遗憾的是我并非"节目型人才"。特别是节目中要求我扮演"恋爱专家"的人设，我就更不适应了。虽然我也可以对别人的恋爱问题说三道四，但既然扮演了"恋爱专家"，我就必须给出一个非常明确的答案。以我的水准，很难达到电视节目的要求，也很难解答人们想知道的问题。每当节目录制的日子临近，我就会完全失眠；录制当天，我常常哭丧着脸就去了电视台。

是因为我的恋爱经历不够吗？不是的。论起恋爱经历，我绝对可以称得上是恋爱专业硕博连读的海归派了。

还在念书时，我就坐在校园里的藤树下献出了初吻。此后，校园恋爱、长途恋爱、"胶鞋"（指等待去参军的男友归来的女生）、年上年下恋、跨国恋爱、5 年以上长期恋爱、潜水离别[1] 等几乎所有的恋爱经历都有过。现在和比自己小 13 岁的男友谈恋爱已经有 6 年了。论恋爱经历，我丝毫不输别人。我没有向谁请教过恋爱问题，只是按照自己的内心去和别人交往，因此无法给出令人满意的答复。

在恋爱咨询过程中，主要会遇到以下的问题：

---

1　指交往对象就像潜水一样突然断绝联系，自然而然地分手。

问：在相亲时如何能够成功地获得"售后服务[1]"？

答：不好意思，我到现在为止没有相过亲。


问：（介绍过基本情况后）最近感觉我的男朋友好像变心了，这个男人怎么会这样啊？

答：你每天和你的男朋友通话，和他亲热，你自己都没有摸透那个男人的心……我连你男朋友的面都没见过，我怎么能知道……实际上我很多时候都摸不透自己的心……


问：去哪才能遇见好的姻缘呢？

答：我主要是在大街上狩猎……


问：（大家都瞪大了眼睛）那不危险吗？现在奇怪的人太多了啊，你知道他是什么人吗，就给他电话号码？

答：都是我先问人家要电话号码的……


我如果像这样直率坦言，马上就会被看成一个奇怪的人。但若我诚意满满地谈论自己的恋爱观，那这档综艺节目就会立刻变成纪录片。不管怎么说，要想在规定的节目时间里给出令

---

1 指相亲双方在初见之后约定第二次见面。

人满意的答案，像我这种答复是不会得到好的反响的。后来我没办法了，只能按照剧本写好的去回答。节目结束后回到家里，我开始怀疑自己到底在做什么。

我在澳大利亚和杰一谈恋爱时，很多人都在背后骂我，说一个33岁的女人找了个20岁的男人。但当时我接触的情侣中，过了6年直到现在还在一起的，只有我和杰一。我们的年龄差已经超过了一轮，并且是韩国和澳大利亚的异地恋，韩国和泰国的跨国恋，可我们依旧能够在一起，要问其中的缘由，我也说不清楚。要是去问杰一，他就会回答说："嗯……可能我们俩都是傻子？"然后笑一笑就过去了。

像我这样把人生的三分之二都投入恋爱中的人也无法回答他人的恋爱问题。我所说的话，都站在了恋爱专家、恋爱高手以及能提出正确解决方法的人的对立面。所以我从不给别人解答恋爱问题，我自己也不去提问。恋爱是我跟对方两个人的事，光我一个人费心费力，什么问题都解决不了。与恋爱相比，金钱的问题反而更容易、更明确。挣钱，只要我一个人打起精神去努力争取，就还有胜算。

实际上，开始学习金钱知识之后，有一点让我感到非常吃惊，那就是金钱的世界里存在着明确的公式。攒钱公式、正确投资的公式、节税公式、做成功的公司职员的公式、成为富翁的公式等等。如果你按照公式去做，钱真的会给你回应。"只要对金钱感兴趣，拿出时间和诚意，就一定会得到回报。"看来富翁们说的这句话一点也没错。

比起那些充满信心的人，我总是更加信任那些稍稍有些犹豫不决的人。但是在钱方面，我可以自信地高谈阔论。

曾经说过没有我一天也活不下去，拿着电话彻夜谈情说爱的那个男人现在在哪里？死了吗？还是还活着呢？我无法知道。从拉黑的 kakao talk[1] 个人资料的照片上看，他已经有两个孩子了。变的是人，不是钱。

爱人会变，但钱不会变。

所以即使是小钱，我也要给它们多点关心，多投入一些时间和精力，多给它们一些温暖的感激和爱。

---

1　韩国的社交软件。

## 钱师父·将我引向更广阔的世界

成功人士的老师与朋友——Brain trust。

可以理解为"钱师父"或者"钱友"。

对于富人来说，他们也许有可以随时见面咨询的专业会计师或税务师，但对于还不是富翁的我们来说，需要一个只要一有空就能和你谈论钱，直到满嘴都充斥着纸币味道的朋友，一个即使不谈论钱的话题，下次再见也不会感到别扭的朋友。

你有那样的钱友吗？

"总把赚钱挂嘴边做什么？又不会饿死。""我想买个大件，你有多少钱？"我所说的不是问这种问题的朋友，而是能读懂市场的走向，能一起思考多渠道赚钱方法的朋友，是不管什么领域，遇到问题可以及时读书；不管是什么主题，都可以和你一起讨论的朋友。我就有一位这样的朋友。

从现在算起应该是八年前了，我们是在济州岛初次相遇的。

那是个春风和煦的三月，我们住在江汀村。我在一次集会中发现了一位非常奇怪的人物。他是个嗓门很高，喜欢扯着嗓子表达自己观点的人，可令我惊讶的是，他只对我比较关注。他身高160厘米出头，体重大概45公斤的样子。如果是个女人，应该会是很苗条的体形，可惜他是个男的。

他身材矮小，穿着过时的衣服，戴着厚厚的眼镜，看起来比实际年龄大10岁。再加上遇到任何话题，他都以超高分贝侃侃而谈，唾沫四溅，所以人们并没有对他特别在意。

本来我就是对一些奇怪的东西感兴趣的人，便想着仔细观察一下他到底是个什么人物。我把注意力集中到他高亢的嗓门上。虽然大家都不理他，但他还是理直气壮地独自发表着自己的观点，像打空拳一样凶猛。我发现他比想象中更加有内涵，对各种话题都有着准确的认知。他或许比那些有很多追随者的人懂得更多，但他并没有被人熟知，因为他的外貌并不出众，而且也没有眼力见。

喜欢用眼睛来作出判断的人都当面表示很讨厌他打空拳一样的表达方式。我为了让周围的环境安静下来，就把那人叫了出来，彼此介绍了一下，我们很快就成了朋友。

2012 年是壬辰黑龙年[1]。当时是在黑色海岸石爆破的前几天。那时的我 31 岁，那位朋友比我小 4 岁，是 27 岁。他就是我现在的 Brain trust，也就是"钱师父"。

我们围绕着社会热点进行了长时间的对话。我大学毕业后在公司上班时就是民主劳总（全国民主劳动组合总联盟）的成员。我是劳动者，所以觉得加入这个组织是应该的。虽然我在一家小的牙科诊所工作，却一个人担起了工会委员长的责任，替职员们发声，要求老板提高工资、给予奖励。但坦白地说，我对一些社会热点并不了解。

在和他讨论时，我的无知直接暴露无遗。虽然不管怎么说，我也是一个写评论的人（虽然是恋爱评论），可我还是对自己的无知感到有些羞愧。不知道是他本来就喜欢教别人，还是因为需要教我的东西太多而感到高兴，或者是终于遇到了一位愿意倾听他的人而感到兴奋，他的音量又提高了一个调门。

在济州期间，我们相处得像挚友一样亲密。但我回到首尔后，我们就只是偶尔联络，不再那么亲密了。

当时的我，是一个被冠以恋爱评论家的头衔，晚上喜欢去夜店，白天喜欢睡大觉的小混子。我关心的事情只有自己的房间和床。而他在并不是很看重外貌的网络世界写作，内容主要

---

1　2012 年按干支纪年法为壬辰年，天干壬水，地支辰龙，水为黑色，故民间称 2012 年为黑龙年。

是用什么信用卡结算可以多获得多少优惠之类的文章。在我看来，这些关于生活理财法的文章并没有什么用。

不久之后，他以"高龄"入伍了，联系的机会就更少了，两人的关系已经变成"只记得是在济州江汀见过的特别朋友"。当时根本无法想象，现在的我们只要一见面，就会研究如何赚大钱、发大财，感觉一天24小时的时间都不够用。

我们的再次相遇是在他来到富川之后。他退伍后住在狭小的单间里，把他的宠物犬亨利也带来了，但由于威尔斯柯基犬的体形本来就比较大，打趣地说，如果将来再长成牛一样大，一间房子根本就不够用。他就想找一间有宽敞阳台的房子。找着找着，就不知不觉地来到了京畿道富川市深谷本洞的深谷十字路。

天啊，为了个宠物犬，他贷款买了富川的新建洋房，这里离他上班的江南区足足有一个半小时的路程……对于从来没有养过宠物的我来说，根本理解不了他的这种行为。更令我摸不透的是，他把剩下的一间房以每天1万韩元的价格挂到了中介网站上做共享民宿。

虽然我知道什么是共享民宿，但是为了赚区区1万韩元而开放个人空间的做法本身就很难理解。他定价每天1万韩元的理由如下：

1.房子在远离首尔的富川城郊。

2.房子里有一只一见人就开心地乱叫的狗。

3.亨利会掉很多毛，而他又不擅长清扫。

尽管如此，每天只需 1 万元就可以入住，这就抵消了所有的缺点。因为价格很便宜，所以引来了很多客人。于是他一下子又签下了一套新建四居室洋房的合同。本来他的一个朋友答应要借钱给他，帮他补足剩余的金额，但中途变卦，这让他之前交的定金都打了水漂。那是 2017 年 12 月，一个寒冷的冬天，那时他 32 岁。幸亏那一年汉江的冰冻得很厚。

走投无路的他，抱着想要抓住救命稻草的心情到处打电话，结果找到了我，一根相当坚挺的救命稻草——金艺谙。那时的我 36 岁，刚好签了电视剧剧本的合同，想在首尔寻找一间全税的小单间。

现在我们不是在济州岛而是在富川见面，不是为了政治而是因为钱聚到了一起。托他的福，我可以仅用不到一间全税单间的押金住上三室的洋房。后来他开了第二家民宿店，我们就搬到更大的房子里去了。就这样，我们被金钱捆绑到了一起。

我们虽然是因为这个契机才碰面的，但当时我们几乎没有谈论过钱的事情。我仍然对钱毫不关心，因为我是作家，本应远离金钱。他真是个没有眼力见的激进分子，一见到我就劝我去牙科工作，要么就劝我节省下喝咖啡的钱，再或者劝我把剩余的房间挂到中介网站上共享，说什么现在还不是能为所欲为的时候等等。从大学毕业都这么久了，竟还要听这位"老师"不停地唠叨，这真是触动了"幻想富川[1]"作家的自尊心。

"我这个人虽然看着不起眼，但是好歹也出版过两本书。我虽然没钱，但就不配有自己的私生活吗？"

"真正的作家应该满足于'少赚少花'的生活方式。你是不会明白不上班的生活是多么幸福的。为了养狗就贷款买个那么好的房子，至于吗？因为这个房子，每天乘地铁往返需要3个小时，天天都被绑在公司！而且作家每天和其他人过同样的生活怎么可能写出好的文章呢？有在这抱怨的时间，还不如好好回家清扫一下你家亨利的毛呢！"

我也毫不服输地对他进行攻击。
可他却扯着大嗓门对我进行双倍的"地毯式轰炸"。

"这个合约到期之后你拿着钱要去哪啊？不管你的书有没有文学性，反正一本都没卖出去，这有什么意义啊？出了两本

---

1 韩国常用"幻想（fantastic）"来形容富川市。富川还曾经举办过"富川国际幻想电影节"等活动。

书都没人认识，以为写一些蹭热点的文章就能叫作家了？"

我们就这样互相诋毁，说不要再见了，但房东和租客是被金钱捆绑到一起的关系。没办法，只好依然稀里糊涂地见面了。

一年半的合同期马上就要到了，令人焦心的是，马上就要制作的电视剧却陷入了停摆，这可是当时的我仅有的自尊。幸运的是，在他的软磨硬泡之下，我偶然间接触了共享民宿，确实赚了一些零花钱，但生活本来的开销就不小，挣来的钱一点一点都花光了。

"钱师父"是从来不会在金钱方面留情面的，他已经下令不能延长期限，要我以最快的速度搬出去。好啊，我也对着他大喊，说我正好也过够了租客的生活。我去银行打听贷款的事宜，结果却被自己区区 480 万韩元的年薪弄得颜面扫地。这让我幡然醒悟。

我那时候才明白，这位"小气鬼"的话并非完全错误。因为匆忙开了第二家店，所以在过去一年半的时间里，他只得将四个房间全部租给客人，而自己睡在客厅摆起来的书堆上，通过这种方式偿还两家店的贷款。

我想，这段时间他唠唠叨叨地对我进行"地毯式轰炸"，可能不单纯是把我当作一个令人寒心的家伙。他连一两千块都花得很谨慎，从没出去吃过一顿饭，总是非常吝啬，我现在开始理解他了。

好不容易贷款买了自己的房子，我再也不能像以前那样生活了。我现在每天都去图书馆读一些关于金钱方面的书。读过之后我才知道：连一张 1000 韩元的纸币都省着花的那种节俭；按原则办事、眼中没有朋友的那种吝啬；像卡西欧电子手表那样一到 5 点就起床，一到晚上 10 点就睡觉的那种定式；每天读一本书、做一篇笔记的那种无聊的习惯……他所有的这些行为都是金钱世界中的常态。

我开始一一回想他的那些唠叨。为了偿还贷款，不管是大钱还是小钱，都要有固定的进账；要有进账就需要上班；同时，如果想坚持写作，就不应该浪费闲暇时间，应该制定计划，在时间管理上下功夫；不要等到灵感到来的时候再写，要无条件地坐在书桌前写作；每年写一本书，不要奢求出一本书就能卖出 10 万册继而发大财，要保证一年卖出 1 万册，坚持写 10 本；不是只有文学书才是书，各种各样的实用性书籍都有它们自己的特色，也可以构筑起它们各自珍贵的世界……

我曾经数次问过他为什么要把人生过得那么无聊，而现在，我却把他的话也说给别人听。现在我只关心金钱的话题，虽然和他有过争吵，但不可否认，我之所以能在一年之内有如此快速的成长，作为我的"钱师父"的他，起到了很大的作用。

Brain trust。

"钱师父"最大的作用就是为变成富翁提供必要条件，即"杠杆效应"。杠杆效应不是只有通过金钱才能实现。俗话说："骑在巨人的肩膀上，可以看得更远。"我可以从前人的成功和失败中总结经验、吸取教训，从而节省时间。从时间就是金钱的观点来看，把别人的失败当作教训来减少自己的失误，是非常经济划算的。我能通过他经历过的失败来减少我的失误，成为成功的"超级房东"。

除了文学之外，我以前看不上其他领域的书，可他推荐我看各种领域的实用图书。在读经济新闻时，如果有不懂的问题，我可以随时打电话询问他。这种朋友真是难能可贵。他把我的视线从我的房间、我的床，以及我自己身上，扩展到了更加广阔的世界。

我之所以要感谢我的"钱师父"，是因为：

他让我知道，一张 1 万韩元纸币的重量和价值。

我相信随着岁月的流逝，等我成为真正的大富豪时，这些都会成为我最宝贵的财富。

谢谢你，我的"钱师父"。

现在我的"钱师父"正在发挥他的特长，在阿拉丁[1]上注册了一个名为"亨利books"的卖家账号，准备卖二手书。这么看来，他还是我的"书师父"。

---

1 韩国的二手书网站。

# 钱师父

## 写作1·正在写作的人，就是作家

2011 年，我 30 岁，感觉自己像是疯了。当时我有个英国男友，他对我的关心无微不至，三年如一日地将我捧为挚爱。我还有稳定的工作、稳定的工资，以及每年两次海外旅行的奖励。当时我和家人一起生活，每天都可以吃妈妈做的饭，还可以随心所欲去看喜欢的音乐剧，即便如此一年下来也可以轻松攒下 1000 万。

下班后就去练瑜伽、蒸桑拿，周末和朋友、男朋友、家人一起度过幸福的时光。所有的一切都如此顺利，但我心里总有一处填不满的空虚。

因为至今为止，我都没有对任何人说过，我有一个成为作家的梦。不只是单纯地想成为作家，我的内心中总有一个人在告诉我说："你一定要写作。"这给了我很奇怪的压迫感。

我好像得了心病，在牙科诊所工作的时候脑子里会不自觉地构思文章，并把它及时记录下来。我慢慢感觉到，写作就是我的使命。即使涨工资，即使被男朋友的甜言蜜语包围，我还是不能感觉到完全的幸福。

我觉得只有写作才是我人生的意义。

我从没有写过什么文章，打小就觉得写日记是这个世界上最令人讨厌的事，我也搞不明白为什么突然变成这样。我男朋友始终把我放在他未来的规划中，他和我说好要在韩国工作攒钱，然后去威尔士一边搞租赁业，一边写文章，但我等不及。就像某本书的名字一样，"如果不是现在，可能就不行[1]"。

30岁的我去了欧洲，受到了男友和他家人无微不至的关心和款待。可我一有机会就想去找一个有名的地方许愿，而且只许"让我成为一位能够写出好作品的作家"这个愿望。后来，我和我无微不至的男友分手了，独自一人回到了首尔。

我住在永登浦的一个窄到连一张单人床都放不进去的小单间里，只有几件家具，是从大创百货买的。我躺在床上，看着天花板问自己："我真的可以写作吗？""我能成为作家吗？"

---

1　《如果不是现在，可能就不行》，作者 Lunapark，2018 年在韩国出版。

虽然有些不安，但奇怪的是心里很激动。周围的朋友们有的升了职，有的结了婚，有的买了房，但我一点都不羡慕。

可是，我却没有雄心勃勃开始付诸行动的抱负，也没有写出任何文章。我不习惯稳稳地坐在书桌前，脑子里闪现的句子就只是句子而已，并没有形成文章，总是散乱地放在那。我不知道应该怎么写、写什么才能成为作家，我没有抓住那种感觉。

我总是以写作为借口，躺在床上看着天。

在只要喘气就得花钱的首尔，我开始了自炊生活。无论如何，我都不相信自己能成为作家。我就这样无情地离开了爱我的人。我对我自己感到寒心不已。

晚上我就到弘大和梨泰院的夜店去，和遇见的男生轻松地谈着恋爱，在这方面浪费了很多时间。我谁也不爱，所以没有必要感受他们身上所需要具备的责任感。关系结束之后，我也能承受得起那种凄凉的心境和畅快感。我幼稚地认为，这些经验总有一天会成为我写作的宝贵财富。

这种生活是不会长久的。我需要钱，所以去了乙支路的一家牙科诊所工作。但我心里始终觉得应该继续写作，这种压迫感让我又辞掉了牙科的工作。每次都重复着相同的失败模式，我觉得与其过着这种生活，倒不如去蔚山更好。此时，已然在首尔定居的朋友秀莲把我叫到了舍堂洞。

"不如抛开要写伟大作品的想法，先零零碎碎地写一些你喜欢的东西怎么样？就在博客上。"

我来首尔可不是为了在博客上零零碎碎地写几句话的。那时的我认为，只有写出真正的小说并获得新村文艺奖，那这篇文字才算是真正的文学，我才算是真正的作家。

秀莲又说：

"不管怎么说，此时此刻正在写东西的人不就是作家吗？你先写写看，别管写什么。"

秀莲让我到她家和她一起生活，这也是对没钱的我的一种关照。我听了她的话，打扫了一下永登浦的单间并办理了退租，搬到了秀莲在舍堂洞的家中。又过了几天，我仔细想了想"不管怎么说，此时此刻正在写东西的人不就是作家吗"这句话。

是啊，这句话没错。不管怎么说，正在写作的人就是作家。

写博客也好，在练习纸上瞎写也好，动动笔吧。在写的过程中就能够认真思考自己喜欢的事物。

那时候，我喜欢且投入很多时间的事情是什么呢？能够定义我整个20多岁时光的东西都有什么呢？我脑海里浮现出三个词——

旅行、恋爱、书。

我可以以这三个词为话题来写作，于是我的博客主题就诞生了：

私密的，奇怪的，旅行记。

如果让像天使一样的妈妈知道了，她估计会气得昏过去；如果让性格暴躁的爸爸知道了，他肯定会大发雷霆。但这也没有办法，我只能写我知道的事，可我知道的只有这些。

从那时起，每天早晨，我就跟着秀莲去技工所[1]上班。秀莲把金子用火熔化，做成金牙。我坐在她面前，打开笔记本电脑写作。我回想着我的旅行、我见过的男人，以及我整个20多年的生活，感觉自己时而在写小说，时而又在写检查。

神奇的是，我来到舍堂洞之后，文思泉涌。只要一打开笔记本电脑，手指就会被封印在键盘上，让我一直工作，此时的我就像一个受了刺激的巫婆在铡刀上跳舞。不到一星期，我就完成了生平第一部作品，并上传到了博客上。秀莲特别高兴，一直在赞叹，就像是她自己写的作品一样。她说："你太棒了，我就说你行吧。马上传到社交网站上宣传一下。"

---

1　专业制作、修理、加工牙科医生所需要的模型、口腔假体、填充物、矫正装置的地方。

社交……网站?

我是那种从来都记不住邮箱密码的人,和电脑完全没有任何亲近感,也不知道什么是社交网站,不能理解为什么要用那个。但看到秀莲那么兴奋的样子,我还是按照她所说的申请了账号。

字母就用妈妈喜欢的冰淇淋 babamba 就好了,数字就用我喜欢的 11,我的用户名就是 @babamba11(现在已经改成 @babamba2020 了)。

从那时起,每过一周我就会往社交网站上传一篇游记。但博客的访问者人数和社交网站的粉丝人数依旧没有什么明显变化。每天光临我博客的人就是我、秀莲,还有我和秀莲的几个朋友而已。虽然博客上的游记只有两篇,但我十分感谢那些每天都访问的朋友们。为了逗乐他们,我用他们的绰号写了一篇微型小说。看到这篇特别不像话的文章,秀莲和朋友们简直要"气爆"了。秀莲提议我把这篇小说用社交网站发给搞笑艺人南熙锡。因为在当时,南熙锡只要收到有趣的内容就会给出评分,并传播给其他人。

现在想来,这就是一种自我营销,但当时我的脑子一片混乱,对一切都持否定态度。那个人是名人,应该很忙吧,他会读这个吗?这文章也太长了,他真的会读吗?我们俩半信半疑

142

地思考着，觉得即使不成功，也没有什么损失，就这样把我的博客地址通过留言的形式发给了他。几个小时后——

南熙锡真的读了！

他给了我宝贵的四颗星，还评论说"我成了 babamba 的粉丝"，然后推送了我的博客地址。

托他的福，此前我的博客访客不到 30 人，而几个小时之内就超过了 3000 人。

我和秀莲一边跺脚，一边高喊："这样竟然也行？"如梦一般的事情发生了！更让人吃惊的是，他竟然在我的文章下面回帖，而我最初只是为了娱乐我的朋友。


"作家大人，什么时候出第二弹啊？等得急死了！"


作……作家大人？啊……原来没有得新村文艺奖，也可以被称为作家啊。为了不让那位称我为作家大人的读者失望，我要更加用心地敲键盘了。就这样，我不由自主地开始在博客上连载题为《宇宙最有趣的恋爱评论》的文章。看到这篇文章的杂志社和出版社的相关人士一直联系我，希望我能投稿。我成了给女性时尚杂志写有关恋爱文章的专栏作家，我那既私密又奇怪的旅行记在一年后以《陌生床上吹的风》（月亮出版社，2013）为名出版了。

直到现在我才知道，对于想成为作家的新人来说，出版书籍的最佳领域就是旅行随笔。这比起获得新村文艺奖或文学奖，确实门槛较低，而且可以凭借一本书就获得作家的头衔。因此，很多新人都将目光投向了这里，市面上出版了太多的旅行随笔，这让读者和出版社都感到疲惫不堪。但是我那本"既私密又奇怪的旅行记"虽然打着旅行随笔的名号，但比起单单只用旅行地点堆砌起来的文章，这本书里有着我20多岁时居无定所、漂泊在外的生活，有着我并不那么美好的恋爱故事和不那么健康的青春，还有着谁都没有尝试过的私密随笔，所以还是比较容易出头的。

凭借着在随笔类图书中与众不同的素材和阅读体验，虽然我是个无名新人，但在不到6个月的时间里就售出了5000本书（出版社通常将这种程度的销量视为损益平衡点），一年过后，销量超过了10000本。作为新人作家，这可以称得上是一次非常成功的出道。

当时，我对出版市场和职业作家一无所知。如果这就算是成功出道，那这本书至少也可以让我维持最基本的生活；如果生活依旧窘迫，那我的心情就很微妙了。

实现了由来已久的愿望带来的喜悦，以及要到处去接受采访所带来的忙碌（没拿到什么钱，却总要准备采访用的照片、衣服，耗费了很多金钱和时间）让我在一段时间内累得说不出话。但从账面上看，完全感觉不到我的成功。

给作家们的版税不分新人老人，标准都是10%。即使以卖出10000本书的好成绩成功出道，作者所获得的版税也只有每本1000韩元左右。也就是说，卖出1万本书就相当于挣了1000万。但这是卖了一年才获得的成绩，而且版税是按照季度或加印的日期来计算的，因此不是每个月都能有收入。虽然我是一位成功出道的新人作家，但为了生活，我不得不重新回到牙科诊所。

我抱着要成为大文豪的雄心壮志来到首尔时，根本没有想到会出现这种情况。我的身体每天早晨都要到牙科诊所上班，而大脑却没有接受这个现实。

就这样，我勉为其难地回到牙科诊所，一周工作6天，回到家后给向我约稿的杂志社写专栏评论（专栏评论的稿费是15万韩元），还要准备写下一本书，日子过得窝窝囊囊。

世界上所有人都说要寻找自己真正想要做的事情。我找到了自己想做的事，并勇敢地做了，且成功出道。但我很郁闷，为什么生活变得更难了？我和别人一样要上班，然后回家休息。用本应该出去玩的时间写文章，真不知道我到底是在干什么。和朋友们说笑玩闹的时光早已成为过去，据说只有上电视之类的才能让书卖得更多。我为了做这些不适合自己性格的广播宣传工作而承受了巨大的压力，体重也降至 42 公斤。当在新闻中看到"世越号"事件 [1] 的消息后，我一年都没能坚持下来，很快就产生了职业倦怠症。

这就导致我如果不离开这里去别的地方，就没有办法活下去。于是我便将一切抛在脑后，成为大龄海外劳务者，到了澳大利亚。好吧，忘掉在韩国发生的所有事情，在这生活一年，积累时间和资金，为写下一本书做准备。

由于我的英语不是很流利，所以能做的工作都是些力气活儿。从在工地接触防水涂料和瓷砖涂层的作业，到韩餐厅的服务员、酒店的内勤、洗衣店的工作等等，是名副其实靠汗水挣辛苦钱的活儿。

世界上哪有容易的事啊，特别是在洗衣店工作的时候，我所负责的工作是最脏最恶心的——需要把从西餐厅或饭馆送过来的手绢和抹布上的残渣清理后，按种类进行分类。只要解开已经裹了几天的抹布捆，就能看到像拇指一样大小的蟑螂和食物残渣一起喷涌而出。比蟑螂更让人头疼的是我们组里的"小

---

1　韩国时间 2014 年 4 月 16 日上午 8 时 58 分许，韩国一艘载有 476 人的"世越号"客轮在全罗南道珍岛郡海域发生浸水事故，之后沉没。该事故造成 296 人死亡，142 人受伤，另有 8 人下落不明。这件事给很多韩国人留下了心理阴影。

药罐"。她是比我小10岁的澳大利亚女人,可能是因为毒品后遗症,她的情绪起伏很大。心情好的时候她就像疯了一样又笑又闹;药效逐渐消失时,又会爆发出所有的忧郁和厌烦情绪,用一个词概括就是"人间过山车"。

澳大利亚西部的太阳又辣又毒,还伴随着霉菌和蟑螂,还有"小药罐",在这样的环境中每天坚持8个小时真的……但是我需要钱。工厂是每周5天的工作制,时薪21美元,每天按照8个小时计算,所以无论如何,我都要在这里稳定地攒钱。只有这样,我才能回到韩国为写下一本书赢得时间。我一边想着写书的事,一边用锤子拍打那些随时随地都能蹦出来的蟑螂,还得安抚情绪大起大落的"小药罐",让她躲开蟑螂。我就这样坚持了一年,除去已经用掉的生活费,最终攒了1500万韩元。

我坚定信心回到了韩国,终日混在图书馆,写下了我人生的力作《大海的脸,爱情的脸》。写这部作品的那一年就像在做梦一样。我终于找到了我为什么只能写作的答案。自从我写了这部作品之后,我就变成了与以前稍微不同的人,如同一条蜕了皮的蛇。

我能感觉到我的第一本书写得不够好,而这本书比那本完美了一些,这个自信我还是有的。从书名、书中的照片到书的封面,都是按照我的想法设计的。

但，是我的错吗？这本书连首印的2000册都没有卖出去。

我从来没希望过我写的书能够大卖。我只想不花任何脑力写我想写的文章，写我能写的文章。但连第一批都没卖出去，我内心有点凌乱了，感觉很对不起投入很多心力的出版社。

如果想创作光我一个人读的文章，那悄悄地挂在博客上就够了。可我很想将这些文字印成实体书，这种想法和主张从未改变过。得给那些出版社的工作人员施加点压力，他们的公司必须盈利才能继续运转，而我要使用他们公司的资金，来开启只属于我的文学世界。


花了几年的功夫才面世的书卖不出去，让我的未来计划全泡汤了。我已经35岁了，但还是没能离开父母独立生存，沦落到半夜还得出去打工，后来，我又去了牙科工作。当时的挫折感无法用语言来形容，有生以来第一次竭尽全力做的事情没能得到好的反馈，让我很难再次振作起来。

为什么不行呢？问题出在哪里呢？

我真的已经很努力了……

我已经倾尽了所有……

更大的问题在于以后。除了写作之外，我没有想过做别的事情，现在除了写作，我做什么都不开心……我很难从忧郁的情绪中摆脱出来。

现在的我，在家里也成了受歧视的人。我像一根没有嘴的豆芽一样，每天早晨坐快要挤爆的公共汽车上班，下班后到公寓周围散步。如果不这样，我就会感到抑郁而活不下去。就这样过了几个月，我的想法从"我为什么不行"变成了"我到底该怎么办"。

应该怎么办呢？

答案还是要继续写作。

我要重新振作起来，每到星期日早晨，我就等着图书馆开门的时间，第一个冲进去。

在我的内心重新燃起力量时，竟然有人提议要我给网剧写剧本。我就像等这个机会等了很久一样，立刻收拾行李来到了首尔，然后自学创作电视剧的剧本。

我最后看的一部电视剧还是 2005 年播出的《我叫金三顺》，所以对我来说，从一开始就独立创作剧本并不容易。但只要是创作故事、写作，无论是什么领域，我都想做好。因此，我找到了属于我自己的方法，尽了最大的努力。

电视剧产业是在写作中少有的赚钱的领域，这里有每集收取上亿元稿费的作家。签订电视剧剧本合约赚的钱，是我能够一次性赚到的最多的钱。而且也是写作！好了，现在行了。现在可以靠写作谋生了。我真是兴高采烈，仿佛整个世界都是我的。虽然请之前一直被我依靠的朋友们吃了一顿饭，加上款待我的家人，花去这些钱的一半，可我并不担心，因为我的电视剧即将问世。

但我的想法太天真了。编剧之所以能够得到高额稿费，是因为电视剧产业本身就是大额金钱交易的行业。即使是网络电视剧，如果想要制作精良，每集至少也要花费一到两亿元的制作费，因此就需要寻找投资方。而在投资方和发行方决策者的权力之下，新人作家几乎不可能坚守自己的写作信念。他们干脆明目张胆地说："电视剧不是文学，如果想搞文学，就到其他地方去。"

这样的日子过着过着，写作会越来越有负担。要写出好作品的想法成了我沉重的包袱，结果什么也没写出来。我害怕一辈子就这样了，我明明一生都爱着写作，可又害怕写作。

但是我总得赚点零花钱，于是开始经营起了每日收入 1 万韩元的共享民宿。我本想贷款买一个小洋房，去银行却因年收入不够而丢尽了脸面，让我很是恼火。虽说是因为钱而恼火，但实际上也是为了我一生都能安心写作的梦想。

最好是写一篇能变现的作品，但我觉得自己没有这本事，倒不如先赚点别的钱。既然想赚钱，就要尽量在最短的时间内赚最多的钱，把自己的小金库填满后再去写想写的文章。我之所以想多赚钱也是为了写作，即使没有属于我自己的房间，即使用紫菜包饭和泡面对付一口，也不会觉得辛苦。

我想象着能够安心写作的未来，执着于节省、赚钱、学习，就这样过了几个月。现在已经没有约我出去玩的朋友了，我也没有什么要在社交网站上说的话了。这可能就是人们所说的"忙于生计"吧。

某一天，我在社交网站上简短地写了下自己现在的情况，还写了我在学习金钱知识的过程中领悟到的一些东西，于是又有希望聆听我故事的粉丝关注了我。

那时我明白了。


1. 啊……原来人们都喜欢听关于金钱的故事啊……

2. 人们只会把精力和金钱花在对自己有帮助的事情上……

3. 我虽然在 YOLO[1] 和 FLEX[2] 之间徘徊纠结，但很喜欢认真生活的人……


好吧，那我就好好写一篇关于金钱的文章吧。对啊，我既

---

1　美语新词，是 You Only Live Once 的首字母缩略词。寓意是人应该享受人生，鼓励人们不怕冒险，想做什么就做什么，因为只会活一次。

2　指弹性工作制。

然每次都哼着小曲说要通过写作来赚钱，为什么就没想到要写篇关于金钱的文章呢？啊，一说到钱，就会感觉我的知识和钱包都还很单薄……那时我突然想起在30岁的时候，秀莲对我说过的话。

"不如抛开要写伟大作品的想法，先零零碎碎地写一些你喜欢的东西怎么样？就在博客上。"

"不管怎么说，此时此刻正在写东西的人不就是作家吗？你先写写看，别管写什么。"

我现在对钱很着迷，不如马上开始写作吧。写什么呢？根据前段时间学习的知识，能够立刻将文章变现的准确方法，就是在现有的博客网站上写文章，然后再放上网络广告。

Naver博客虽然广告单价低，但其曝光度和话题性还是不错的。然而我想写的是具有很高连贯性和投入性的长篇文章，如果在中间出现碍眼的广告可能会打断文章的连贯性，还是觉得不太合适。

我想要一个更新颖、更有可读性的平台，所以选择了Kakao Brunch。从上传文章时开始，Brunch就要求文章内容必须符合专门作家审查组制定的标准，因此在人们的认知中，在Brunch上写文章的人都是能达到直接出版水平的。也正是由于这个原因，出版社非常关注 Brunch，书店里也能看到通过 Brunch 出版的书籍。

问题是，在 Brunch 上看起来非常有魅力的文章一旦出版，却并没有那么受欢迎。我苦思冥想，觉得那些作者可能从涉足 Brunch 开始，就很少会抱着出版的念头策划要写什么样的文章。所以我决定，要从一开始就以出书为前提，设计好整个目录，一次写一章，然后上传。

"年收入 480 万韩元的贫困作家成为大富豪的计划" 就这样开始了。


果然不出所料，第一章 "见钱眼开" 一上传，我就收到了出版社发给我的出版建议。每更新一次，都有不同的出版社打来电话。Brunch 运营一个月后，共收到了 6 家出版社的出版建议。我反复斟酌之后，决定和那位理解我，并能够在短时间内拿出优秀企划书的编辑合作，出版了现在这本书。

能够变现的文章，和金钱有关的文章，就这样慢慢地变成了现实。

有人说，我近来不断地谈论金钱是不应该的，作家怎么能为了赚钱去写作，并指责说到底是写作优先还是金钱优先。然而我毫不在意。

总有一个月一本书都不买，却对作家指指点点的人；还有对于应该采取什么样的措施来保护快饿死的作家漠不关心，却责问是金钱优先还是写作优先的人。而我们根本没有必要去理会这些人。

与其追究是金钱优先还是写作优先，不如利用这段时间向世人证明：即使写作也能维持生计。希望"写作不能变现"这句话不要成为公式，也希望不要再有因生活困难而放弃写作的人。希望有更多的人写属于自己的文章，过上更好的生活。

我现在依然不能靠写作来维持生计，所以我不分工作，什么都做。虽然我是挤出时间去写作，但就算我的生活方式、我的写作方式发生了变化，我的愿望也没有改变。

*"希望能够成为写出优秀作品的作家。"*

尽管有些作品在一些人的眼中是无聊的恋爱评论，尽管有些作品在一些人的眼中只是说钱的那点事，然而我的愿望仍然没变。

*"希望能够成为写出优秀作品的作家。"*

我相信我自己，也相信未来梦想肯定会实现。

## 写作 2 · 能够变现的文字

　　所有的书都有作者想要强调的中心思想。像小说这种文学类书籍，会将中心思想藏到文章当中，让你自己去寻找；而像自我启发这种实用类的书籍，大部分会在书名或者目录中就把中心思想告诉你。

　　据说韩国 45% 的成年人一年都读不完一本书，可即便如此，我想大部分韩国人都知道一本书，它就是自我启发类的畅销书——朗达·拜恩的《秘密》（金宇烈译，Sallim 出版社）。

　　该书讲述了成功的富翁们的共同秘诀，用了 230 页的篇幅详细介绍了"积极的想法和吸引的法则"这一中心思想。事实上，大部分自我启发书的中心思想都不外乎这五个方面。

　　1. 积极的想法。

2.将愿望图像化，而后反复回想（所谓"吸引的法则"）。

3.执行力（有目的意识会更容易）。

4.记笔记的习惯。

5.感谢所有。

在这五点的基础上，再加入史蒂夫·乔布斯和比尔·盖茨的轶事。此外，如果能够再将顶尖企业的职员、哈佛学生等有名望的人的故事和成功经验以及作者本人的经验综合起来，就可以完成一本自我启发书。

那么，关于富翁的书又是怎样的呢？如果是关于金钱类的书，领域会变得复杂多样，但是关于富翁的内容，还有如何成为富翁的书，大都是在自我启发书的基础上延伸的，因此没有太大的区别。书的核心内容是：

去珍惜吧：金钱、时间、体力。

去爱吧：金钱、家庭、正在做的工作。

去实践吧：用不同于他人的视角，建立具体的目标，马上实践！

大多都不会脱离这三点。

我刚开始学习金钱知识的时候，读了200多本书，想把年收入转化为月收入。对此，很多人都要我给他们推荐其中最好的一本书，就是那种"一读就能成为富翁的书"。其实最简单的方法就是找书名中带"金钱"和"富翁"字样的书。我也是通过这个办法积累起基本的技能，虽然最初只是 3 分钟热度。有人可能会问，下定决心 3 天读一本书不就可以了吗？我向那些只有 3 分钟热度的朋友推荐下列书单：

《餐厅，打破思维才能取胜》（千棵树出版社，2019）

《人们为什么都找只能做好一样菜的餐厅？》（千棵树出版社，2018）

《优秀餐厅的秘密：数字就是答案》（京乡图书，2019）

《生存下来的餐厅总有1%的不同》（千棵树出版社，2017）

嗯……为什么忽然推荐一些关于餐厅的书呢？

运营餐厅才能成为富翁吗？

我并没有要做餐厅的想法啊？

听着，我不是要你去经营一家餐厅。

虽然我对美食和餐厅不感兴趣，对餐饮创业更不感兴趣，但还是积极向大家推荐这些书。能够做好一件事的人，两件事、三件事他都可以胜任。这些书的内容不仅仅局限于餐厅的那些事，还会教你如何成为富翁，甚至还有如何靠写作赚钱的技巧。

你可以选其中任意一本阅读，因为作者都是同一个人。

他就是餐厅顾问李景泰[1]。

我之所以知道李景泰，纯粹是由于"书师父"的推荐。

"书师父"每年读将近 300 本书。特别是在韩国的经济、经营、自我启发等领域中，没有他不知道的书。即使是想读的新书，他也会无条件地等到 6 个月之后，在阿拉丁二手书店购买，他就是这样一个吝啬的男人。然而当李景泰的书出来之后，他会立即去买新书。他还收藏了李景泰全部的书籍。"书师父"这样评价李景泰：

"他才是真正的韩国大神。"

别说花钱了，连称赞都很吝啬的"书师父"竟然对他如此盛赞，我抱着好奇的态度查看了李景泰的简历。

餐厅顾问。嗯，是帮助餐厅创业的人。

有着 21 年的经验。这样看来，和他是不是餐厅顾问关系不大，仅凭他自己也可以作为成功的"一人企业"让我们学到很多东西。

---

1　人名为音译。

他到目前为止（2020年）一共出版了16本书。即使这些书都分属不同领域，可写了16本书这件事本身就很令人尊敬。而且就在几年前，要想读他上传到网站上的文章，还要支付100万韩元的年费。

李景泰纯粹是"靠写作生活"。这种境界即使是那些小有名气的作家也是无法达到的。我的一生都在思考如何靠写作谋生，琢磨着要写出什么样的作品才能让那些说1万韩元一本书也很贵的人掏腰包呢？写什么样的作品才能赚钱呢？我真的非常非常好奇。我去了附近的书店，买了最近出版的《餐厅，打破思维才能取胜》一书，开始仔细阅读。

作者一见到要开始创业的人就劝他们不要创业。虽然有些奇怪，但是从另一方面看也是很有良心的。对那些真心下定决心想要创业的人，他会劝他们先读书。读书……运营餐厅和读书又有什么关系呢？

新人开的餐厅十有八九会倒闭，这都是有原因的。最大的原因就是学习不够……孩子们一听到要让他们学习就会很厌烦。可就算孩子们从大学毕业走向职场，不也得学习吗？是不是得拼命学啊？就算没有人让他拼命学，不也得拼命学吗？即便如此，也不是都能找到好的工作，要不青年失业率怎么还越来越高呢？

没有人知道哪本书好。你可以根据书名、根据目录、根据作者去挑选，总之就是跟着自己的心走。读着读着觉得没意思了不看就好；如果觉得内容很不像话，即便花了钱，也还是扔了吧。读50本左右带有"餐厅创业""餐厅经营""生意经"内容的书吧！不舍得书钱？再贵也就七八十万韩元。那些不舍得花钱买书却想好好经营餐厅的人真是无比可笑。权利金[1]动辄数千万，月租金也得数百万，而看书的投资仅用70万韩元，连这都不愿意，还想筹备开餐厅，像话吗？读着读着如果觉得不喜欢可以舍弃掉，也就几万韩元的事，省下这个钱就能成为富翁了吗？

哇哦，果然是大神。关于富翁的书里，也没有脱离读书这一话题。要成为作家，就得先读书。如果不相信书的力量，那就不会有作家的存在。除此之外，在你翻阅书页的过程中，可以在作者的独特观点下面画线。这并不是一件难事。

懂的人会说得简单明了，不懂装懂的人会为了掩饰自己的无知而夸大其词。

---

1 指不动产租赁中，除向业主缴纳的租金之外，为获得不动产原有的装修、设施、声誉、客源、地理位置等可能带来特殊利益的因素的使用权而支付的附加费用。

作者所说的这些基本道理，在这本书中都进行了浅显易懂的讲解。书中还恰当地阐明了如何让自己拥有一双慧眼。作为餐厅的老板，最基本的要求就是要站在客人的立场去思考问题。大家都用"商圈分析"这种高大上的词汇来说明：只有人口流动大的地方才是最合适开餐厅的地方。当你需要支付大额的权利金和月租的时候，就以"周边创业学"和"Only one is No.1"的理论，只销售单一菜品，并且限制销售的时间。由于本书打破了一直以来被认为是正确答案的很多观点，所以比起那些很容易就抓住中心思想的书来讲，内容的密度可以说是很大了。

我把这本书中的例子和主张代入到我正在经营的共享民宿中，认真研读，终于找到了这本书想要讲的核心观点。


经营餐厅要学会先发制人，才能创造回头客……要能吸引住客人。这就是生意兴隆与惨淡的差别。如果想要做好生意，首先要先发制人。有的一行4位客人为了省钱要点3人份的汤。如果事先察觉出了这一点，不去推荐4人份的套餐，那客人也就不会很尴尬。不一定非要给出不推荐的理由，这样客人也不会下不来台。顾客们吃肉的时候，希望餐厅能再赠送点什么，此时你看出了顾客的意图，就要主动出击，这样客人会感到很幸福，也就会很欣然地掏钱了。这就是所谓的"先发制人"。

可以先尝试做你觉得对的事，让客人掏钱的同时使其对餐厅也有所求，这就是先发制人的技巧。我们知道，旅行者的外套是再大的风也脱不掉的。而在实际的生意场上，人们却没有像和煦的阳光 [1] 一样主动出击的想法，不，确切地说是不会。教会你这一点的人，就是餐厅顾问。而我就在做这件事。

让我们先抛开这本书的核心观点。餐厅顾问的核心观点就是先发制人。所谓先发制人，不是说要用"我是最厉害的，你要来就来，不来拉倒"这种方式，而是要用如暖阳一般的态度，先下手为强。如果你能察觉到顾客的意愿，提前将其做好，那顾客就会很欣然地掏钱。

我最开始做共享民宿的时候也是如此。我的那个房子距离富川站只需要步行15分钟，可路的尽头有一个上坡，所以价格是每天1万韩元。如果客人不是和伙伴一起来，那就遵循一人一屋的原则。我以前在旅行的时候也总是到处找住处，所以我明白，住处一定要干净、安全。价格已经很便宜了，如果客

---

1　典故源自寓言《风和太阳》。风和太阳在争论谁的力气更大。此时有一个旅人路过。风和太阳就决定，谁能够让旅人把外套脱下，谁的力气就更大。于是风竭尽全力地朝旅人吹，然而风越大，旅人就把外套穿得越紧，最后风绝望地放弃了。而太阳用阳光照耀着旅人，穿着外套的旅人越走越热，于是就把外套脱掉了。其寓意在于凡事不能使蛮力，要懂得以柔软的态度去处事。

人来的话，我还会去富川站前迎接客人，并帮忙拿行李。那时我总去图书馆写东西，有很多空闲时间。我知道第一次去别人家住心里是多么不安，也知道自己一个人提着行李走15分钟是多么不方便。平常我从不梳头，随便拿起一件衣服就穿。但到了接客人的那天，我会把头发打理得干干净净，衣服也会好好挑选，打扮好后才去站前。

如果客人第二天有考试或者面试，我会一大早亲自给他做吐司，并用热茶招待。不管做不做这些，客人都只给我1万韩元，如果要问我这样用心是为了什么，那应该是为了给彼此留下美好的记忆吧。在客人的重要日子里，一大早就给他们好的心情，这样的客人大多能通过考试，这种美好的记忆也都留在了我家。正因如此，我在3个月的时间里就成了超级房主，也正是在他们的鼓舞下，我下定决心即使贷款也要买一套房子。

像和煦的暖阳一般先发制人，也适用于写作。

像和煦的暖阳一般，俘获读者的心。

到现在为止，我每次写作的时候都还叫苦连天。很多时候，一个助词要被我修改好几遍，一个小时只写出三四行字。虽然我很爱写作，但并不能算享受其中。这一次我想写得轻松一点，不想总耗费心力将脑海里浮现的东西用美丽的句型、精彩的语句打磨出来，而只是就那么直接写出来。

所以博客似乎是个好选择。我现在还不是富翁，很担心别人会不会去读我写出来的那些关于金钱的文章，但我要给读者们展现出我为了成为富翁而做的一步又一步的努力，这样，我就可以和那些像我一样的人共同成长。

是的，就直接写吧。

将我的故事全都说出来吧。

我决定将自己 2018 年的总收入只有 480 万韩元这件事公之于众，还有买了一个连电梯都没有的小洋房，可依旧没有自己的房间，还得睡在客厅的故事。我还要谈谈虽然我年近 40 岁，可还要边打工边写作的故事。有的时候我会很不安，想着我这么不遗余力地努力下去，生活会有什么不同呢？然而我这一次还是下定了决心，打算将这些都一一记录下来。

实际上我以前是为了自己而写作。我好像疯了一样，只想写作，除了写作觉得其他事情都很无趣。但现在不仅是为了我自己，也为了那些和我处于同样境遇的人们。如果他们中的某个人在读了我的书后，能够有一点点的启发，我也会感到很欣慰。带着这种想法，我一遍又一遍地修改，而后再写。希望我正在写的这部作品能够给某些人带来如同和煦暖阳一般的鼓励和支持。

好溫暖～

如果说街舞（Hiphop）分为 Old school 和 New school[1]，那么在成为富翁的道路上，也有 Old school 和 New school。

在富翁培养课程中，Old school 指的是"像狗一样挣钱，像大臣一样享受生活""积土成山"这种从古至今一代代传下来的，后又成为现代理财规范的古典方式。而 New school 是像 MJ·德马科的《百万富翁快车道》、埃里克斯·贝克尔的《财富的十大支柱》以及蒂莫西·费里斯的《每周工作 4 小时》里主张的，以数字现代社会为基础产生的激进的概念和方法。

2019 年的夏天，我下定决心要成为富翁，于是走上了 Old

---

1　街舞可以分为 Old School 和 New School 两类，前者为 20 世纪 80 年代的街舞风格，后者为产生于 90 年代的街舞风格。

school 这条路。

像狗一样赚钱，一点一点地攒钱。通过白手起家致富的人都有一个共同点，那就是会思考如何做才能更加节约，也只有这个办法适用于我当下的情况。

对我来说，虽然写作是强项，但从我 30 岁开始写作以来，在过去的 8 年中，因为写作而丢掉的钱比赚的更多，真是令人悲伤。不如先试试这个办法吧。我以前读过曾经过得青黄不接的富翁前辈们写的教科书，书里首先告诉我们要不用这个、不吃那个；然后第二点就是要重新回归职场，像一头牛见到黄喜丞相[1]那样，辛苦劳作。

我每天都读关于金钱的书，把贷款买来的房子腾给租客们，读经济新闻学习股票知识，构筑属于自己的来钱通道，将每个月从牙科诊所赚的 200 万全部存起来。就这样，不知不觉地过了 10 个月，我达成了存款 2000 万韩元的目标。

10 个月的时间说短也短，说长也长。

2000 万韩元说多也多，说少也少。

虽然我有房子，但没有自己的房间。我得在客厅分出的一

---

1 高丽王朝末年至朝鲜王朝初年大臣、宰相。在后人的作品中，黄喜一般被塑造为一个对工作鞠躬尽瘁，对百姓十分体谅的能臣形象。

块区域居住。靠一件长款羽绒服和一件短款羽绒服度过冬天，可以说过得窝窝囊囊。你可能会问："是不是因为钱才过成这样？"你可能会说："积土而成的还是土。"或者你又问："忍住不去买想要的化妆品，而去买那几支化妆品股票有什么意义？"这些话我听得太多了，但不管怎么说，能帮我偿还贷款、能够对我的人生负责的人，只有我自己。在 Old school 这条路上，其他人的眼光并不重要，重要的是自我控制力。

学习金钱知识的第 10 个月，我共攒下了 2000 万韩元。

不仅如此，我还有可以容纳我睡觉的房子（虽然一半以上的款项都是贷款），还有一双可以发现来钱渠道的眼睛。以我的标准来看，我已经完全是一个富翁了。我不再像以前那样，花费很多时间和精力苦恼着我为什么没有钱。光凭这一点，我就已经是一个幸福的富翁了。

但我是希丁克[1]。

"我还是没吃饱。"

---

1　古斯·希丁克（Guus Hiddink），1946 年出生于荷兰，是世界一流的足球教练。他曾率领俄罗斯国家队打入 2008 年欧洲杯 4 强，率领澳大利亚国家队打入 2006 年世界杯 16 强。

对于钱一无所知的我雄心勃勃地制定下目标，要在 45 岁之前持有 10 亿韩元的金融资产。

2020 年，我 39 岁。还剩下 6 年时间。

为了成为手握 10 亿韩元的富翁，现在除了 Old school 那一套古典理论，我感觉还需要一点其他的什么。就像推崇富翁 New school 理论的那些人所说，如果用和现在相同的方式来消磨我的时间和劳动力，那么就会限制我赚钱。而且我的目标不仅仅是成为富翁，而是要成为"大富豪"。看来我需要使出制胜法宝了。

那么我的制胜法宝是什么呢？为了找到我的制胜法宝，需要进行一些调查。先让我们来看看要成为富翁通常需要哪些方法吧。

### 1. 工作所得

我也想最终找到一个能够发挥我文学功底强项的工作，但我觉得还得再研究研究，现在还不能轻易实施。

### 2. 继承父母的财产

我之所以要学习金钱的知识，其中一个原因就是担心父母的晚年生活，所以这一条不用想了。

### 3. 和富翁结婚

比我小 13 岁的男朋友杰一还是一名大学生。杰一……到底……什么时候才能毕业……

### 4. 买彩票

我在澳大利亚时偶然中过一次三等奖（1300 美元），但我觉得每周都去买彩票很浪费钱，还是买硬币股更好。

### 5. 高收入的专业性工作

我的主要工作是写作，一般来说，作家的年薪……（哭）

### 6. 股票

我的股票哲学就是：即使赚得少一点，也要买安全的绩优股、红利股。我想成为一名富翁，可是手中的原始资金太少（毕竟股票也是规模经济）。对于手中资金少的人来说，要想通过股票来分出胜负，那就需要进行短期投资，但我的时间不够，学习得也不够。而且我每天要像狗一样赚钱，然后一点一点攒钱，我不想承担风险。我的钱太宝贵了……

### 7. 不动产

我觉得这是很适合我的领域。有人可能会说，4000 万韩元算什么不动产啊，可仁者见仁，智者见智。并不是只有首尔的公寓才算得上不动产，也不只有赚上亿韩元的利润才是不动产投资的正道。

在韩国，如果提到不动产，大家想到的都是公寓。首尔汉江边的公寓，特别是江南区的公寓，就是成功的象征，被认为是不动产投资之花。人们嘴上都骂骂咧咧，抱怨贵得不像话，可心里却都想进去一住，可谓是幻想中的空间了。

我喜欢的说唱歌手 The Quiett 有一首歌叫《汉江 gang》。年轻的 "hiphop man" 昌模立志要到首尔出人头地，成为富翁。他的目标也是买一套广壮洞江边的房子。这样看来，当一个人想要炫耀财富，表示自己"赚了点钱"或"发财了"时，总会去买汉江边的公寓。但如果成为富翁之后，能够展现在世人面前的最多就是汉江边的公寓，说实话，这不是很无聊的结果吗？

就没有其他炫耀财富的方法了吗？首尔江边过高的房价都是人们的欲望造成的。好吧，我越有钱就越要远离江南。这就是我的制胜法宝。

我每天为了挣钱累得像狗一样，就是为了离汉江边的公寓远一点。虽然我的制胜法宝是投资不动产，但我所说的不动产就只是字面意义上"人们生活的空间"而已。

现在只要一提到不动产，大家就都会推荐买公寓。所以我要寻找属于我自己的方向，找到可以从其身上学到东西的老师。幸运的是，已经有人朝着与众人相反的方向走了。世界果然宽广，挣钱的方法可太多了。

一位名叫"半地上"的先生通过拍卖的形式以低廉的价格购买到了首尔的一处房产，虽然是一处大家都不喜欢的半地下室，他却高喊着"终于买到了一套房"。他通过这套房获得了巨大的收益。他的观点在其所写的《比起江南公寓，半地下更好》（Muhan 出版社，2018）中进行了详细的说明。

买急售的洋房，然后自己进行房屋改造，做成共享民宿，以此来获得收益，然后抛售。她就是如此起家的视频网站博主——"像花一样的理财师"。

强调"拍卖不如急售""无条件地把目光集中在随时可以抛出的待售品而不是廉价物品上"的洋房投资博主——"洋房知识分子"。

特别是对于像我这样，没有很多原始资金去投资不动产的人，他们的书和视频网站频道给予了我很多指导。我也长时间住过朋友家，偶然地开始接触共享民宿，涉足收益型房地产。因此，买房后到现在我还在接收房客，以赚取生活费。我有信心将这个共享民宿业务继续扩大，当成我谋生的撒手锏。看过理财师的视频网站频道就会知道，做共享民宿、共有住宅这个工作绝非易事。

首先，将自己生活的空间对别人开放，大多只有两点原因：

1. 对钱痴迷。
2. 性格上原本就有缺陷。

如果不是以上两点可有些难办了。但这两点正好都符合我，所以我做这一行还比较对路子。另外，我运营的宗旨是"无需交纳保证金，每个月30多万韩元的费用，按照一人一屋的原则提供女性专用房间"，所以那些没有大额保证金且准备要独立居住的朋友都慕名前来，到目前为止基本没有空房期。

现在我正在努力学习，希望能够扩建"金艺谐民宿"，民宿的主题是"独立之前的小窝，汇聚作家的故事"。我所学习的不动产知识有：

1. 背诵首尔及周边京畿道地区的地名和位置。
2. 背诵首尔及仁川地铁路线。
3. 去下一个想买的小区转转，看看那里的房子，找一些很好沟通并且很有良心的房产中介建立交情，核对质优的急售房，随时去看房子。

要是想守住每月30多万韩元的价格、保证一人一屋的原则，那么房价是绝对不可以超过1亿5000万韩元的。最近不是有句话叫"离婚了就去富川，破产了就去仁川"嘛，这也就是所谓的"离富破川"。我觉得仁川和富川对我来说是可以大展宏图的地方。

所谓"离富破川"，可能很多人是在2018年6·13地方选举之前，各党派的发言人分析首都圈的局势，在电视中进行讨论时，从当时自由韩国党的院内发言人那里知道的。在当时的一瞬间，大家集体沉默了，都在思考这句话到底是什么意思。而后，从首尔被挤出成为所谓"失败者"的仁川和富川市民，他们的怨声和愤怒声不断。让我们先稍微抑制一下兴奋，再好好地看一遍发言人的话，大致是这样的：

仁川这个城市就是这样。在地方[1]生活困难，但可以找到好工作的人都来了首尔。找不到工作，却还需要离开地方的人都去了仁川。这就导致仁川的失业率、家庭负债、自杀率等各项数据都是最高的。举个例子，在首尔的阳川区、木洞这样的地方生活得很好的人，如果经历了一次离婚，就会搬到富川去。如果在富川生活还是困难，就会搬到仁川的中区或者南区这样

---

1  韩国首都圈以外的地区被称作"地方"。

的地方。

很多在地方生活困难的人，找不到工作就会来到仁川。在首尔本来生活得挺好的人，经历了离婚或没了工作，从首尔被"赶"了出来，就会来到富川。这也就是所谓的"离富破川"吧。

不过反过来看，仁川和富川在某种程度上也可以看作新生活的开始。所以仁川和富川也是东山再起的城市、复活的城市、恢复的城市！这和"金艺谙民宿"的概念很是吻合。我也是白手起家，一步一步得到了现在的一切，这都是从富川开始的。富川的"富"，意味着"富有"，富川给我种下了财富的种子，并让其在这里生根发芽。

客观地来看，富川和仁川也有优势——

1. 距离首尔近，距离仁川国际机场也很近。
2. 首都圈内有很多被低估的城市，那里物价便宜。
3. 超高速轨道交通 GTX-B 的修建。

所以对于像我这种没有多少原始资金的人来说，无论是自己住还是用于投资，富川和仁川都是非常有吸引力的地方。我在地铁 1 号线富川站附近买了第一套房子后，又在 7 号线富川市厅站附近买了一处急售的商住两用房，作为我的工作室。虽然距离下一次的买房交易还得一段时间，但我已经在观察富川和富平（仁川）地区上架的急售洋房了，我脑海里已经开始构思"金艺谙民宿"2号店的相关事宜了。

2020年，由于和政府的房价战争，整个不动产行业突然有变。2020年6月17日，不动产政策发布之后，富川和仁川成为调整地区。7月10日出台政策之后，政府对住宅租赁从业者和多套房产持有者的购置税相关法律规定进行了大的调整。

未来如果在调整地区购买第二套房产，需要交纳8%的购置税；从第三套房产开始，需要交纳12%的购置税。住宅租赁从业者的租赁义务年限变更为10年。看来我打算在全部地铁沿线都做共享民宿的梦想需要暂停了。为了应对新的变化，我需要拿出对策，所以得从多方面考虑。

在这期间，我的博客访问人数逐渐增长。令我惊讶的是大家的留言和私信。有的人看了我的文章，捡起了荒废很久的博客，重新开始更新了；有的人本来对钱毫不关心，可是也开始学习金钱的知识，读经济新闻了；有的人早起会喝一杯水，整理房间，抑制住了自己的购物冲动；还有的人去了好久没去的书店买书，并开始了小额股票投资。这些人都是相信自己，为了做出改变而默默努力的人。

我看了他们的私信，仔细思考了我的文字所带来的力量。

以前的我专注于文学，做梦也没想到会写关于金钱方面的文章。本以为我这一生都不会涉足，也不想了解这个领域，没想到这个题材却让我重新捡起了写作，点燃了我内心的胜负欲。

事实上，很难找到比"故事"和"写作"更好的工作素材了。世界上的一切事物都有其独特的故事，而写作也并不需要初期的投资。无论何时何地，只要有笔和纸，任何人都可以开始。当然，要想将其变成可持续发展的事业，必须创造出对人们有益的"只属于自己的故事"，而且还要产生良好的影响力。这样一来，不管你能写出多少，都能获得收益。

看了那些有自信、敢于改变的人给我发的私信，我想到了一句话，这句话也成为我做好日后工作的制胜法宝——

热爱你的故事。

最终，我们的故事，都会成为我们的制胜法宝。

## 税金·在税务局暗下决心

　　5月天青草绿，有儿童节、父母节、教师节等节日[1]，也是需要思考税金的月份[2]。学习金钱知识当然也要学习税金的相关内容，节税属于理财的范畴，我也正在学习如何节税。

　　我既是一名缴纳着四大保险的职场人士，也是一名自由作家。所以综合所得税需要单独申报。申报的时间就是5月份。

　　作为一名自由作家，我从来也没有按时缴纳过税款。虽然延迟申报会被追缴罚金，但由于我写作赚的钱实在太少了，所以我总是会获得退税的钱。从2018年开始，税务局竟然还给我打来电话，说要给我"劳动奖励金"。

---

1　韩国的儿童节为5月5日；父母节为5月8日；教师节为5月15日。

2　5月份是韩国投资者需要申报税金的月份。

劳动奖励金

国家对贫困劳动者家庭给予的现金支援，是一种"劳动联系型收入支援制度"，从2009年开始实施。劳动奖励金根据劳动收入规模的不同进行差异化支付，制度本身也有吸引劳动的功能。

所以我并不讨厌去税务局。每次去税务局都能获得一小部分的退税，还能得到劳动奖励金。

2020年5月，我美滋滋地按时去了税务局。综合所得税可以在线申报，在家里就可以操作。但电子认证书总是把我弄得晕头转向，于是我还是亲自去了一趟。申报综合所得税的入口处挤满了等待申报的人。由于入场人数有所限制，其他的人还需要保持适当的距离，这就导致事务所的前院乌泱乌泱地坐了好多到时间来交税的人。我下定决心，明年一定要在网上申报。我一边坐着等待，一边听着周围人讲着有趣的故事。

面对一些人的提问，前面分发号牌的引导员双手合拢做成喇叭状大喊："有三套房子以上的家庭，我们无法提供服务，请找个人税务师。"

我那时在想：

"啊，问题并不是网上申报，而是我下一次一定要成为有资格聘请个人税务师的人。"

我想着想着，等了接近一个小时才进到了税务局。我说我是一名收入微薄的自由作家，于是仅花费了很短的时间就办理完了申报手续。我前面坐着的税务局职员以非常快的速度全部处理完成。作为一名作家，我的收入还不到 2400 万韩元，所以这一次又获得了 20 万韩元左右的退税。要照以前，我肯定吹着口哨大叫："好耶，白得的钱！"但我现在学习了金钱的知识，希望明年可以多交一些税，希望作为一名作家的我能够获得超过 2400 万韩元的收入。

在下坡的路上，我看到了"劳动奖励金相关答疑"的告示牌。

2019 年我在牙科诊所工作，只获得了 4 个月的工作收入。我想问问这一次会不会成为被奖励的对象，一打听才知道，我去年全年的收入超过了 2000 万韩元，已经不再是劳动奖励金支援的对象了。那一瞬间，我感动至极。

税务局的工作人员貌似第一次看到拿不到钱还如此高兴的人，这让他们摸不着头脑。我却极其开心地离开了税务局。

"我终于摆脱了劳动奖励金啊。"

我一边等着回家的公交车，一边用兴奋的声音给妈妈打电话。回家后，我躺在客厅的角落，自己觉得很满足，眼含热泪。

越有钱，交的税就越多。你交税的金额说明了你工作的努力程度。你交的多，就说明你拥有的越多，也说明你赚的钱就越多。我未来要成为能交很多税的人。

两个月后的 7 月，我再次去了税务局。这次我不是以自由作家的身份，而是要注册为个人工作者。

我要成为微笑着纳税的人。

我的工作要让大家双赢。

我要成为既能赚钱，

又能写作的大富豪。

# 去税务局

## 谈东论西，钱依旧是永恒的主题

最开始学习金钱知识的时候，我希望能够用写作的方式挣钱。但那也只是说说，我对赚钱的了解基本接近于零。说实在的，我不太了解写作，更不了解金钱。但了解程度也不能说是完全负数。

我活了 39 年，没有欠下过什么大债。在我决定要用心写作而来到首尔之前，也就是在我 30 岁之前，一直都在职场工作。那时钱包里怎么也有个 3000 万韩元了。在我 27 岁的时候，因为想学日语而去了大阪的语言学校，后来即将迎来 30 岁生日的时候又去了欧洲旅行。这些都是花的我自己赚来的钱。

问题是自从我开始写作以来，别说储蓄了，我连钱包里的钱都花得干干净净。我也从来没有深入思考过钱的问题，然而此时此刻的社会环境也让我不得不集中精力去思考这个问题。我需要对我的老年生活有一个明确的规划。

我希望我老了之后可以去瑞士。

"为了有尊严地活着，有尊严地死去。"这句话是瑞士的一个非营利团体——狄格尼塔斯诊所的标语。这个诊所由一位人权律师所建。如果有人得了不治之症，或因为疾病而造成的痛苦想要自杀时，瑞士的法律规定，经过审查之后，可以在医学上帮助其死亡。这被称作"助力死亡"或"安乐死"。

这些词汇听起来有些可怕。出生并非自己的意愿，但死亡需要由自己来决定，这一想法我到现在都没有变过。只有这样，人生才是能动的，才是有主体性的。当自己开始准备死亡的时候，死亡就不再是悲剧和恐怖，而是有尊严的人生落幕。所以我准备好了去瑞士的飞机票钱、停留费、药物费，以及死后处理等费用，共计3000万韩元，我将这些钱作为我的老年基金。

在韩国，人们不会公开赞成或是反对安乐死，整体是比较保守的。但比这个更严重的问题是，在去瑞士之前，留给我的时间简直是太多了。我现在既没有不治之症，也没有不能进行正常生活的痛苦。我想要做的事情还有很多，也不想死。

我想写出一部很酷的小说，还想看演员们表演我写的剧本。

我还有很多水果没有吃过。

我还有一定要再见一次的朋友们。

我想投入真情和时间，好好写一写我曾见过的那些人、那些事。

我想亲手创作绘本，还想学吉他。

我的童年时期虽然很痛苦，却想给刚出世的小外甥展现一个美丽的世界。


所以不管怎样，我都要坚持活下去。不是随随便便混日子，而是要以从容的心态去填满我的人生，然而这就需要钱。我在银行的窗口前深深认识到：钱并不单纯是买卖物品的工具，而是可以给你机会、让你过得更加从容的帮手。幸运的是，我是一个作家，作家的主要技能就是"把握主题"。我可以很快地把握住我的现状、看清楚我的问题，而不是陷入毫无头绪的挫折和痛苦当中。

现在人们不仅能活到 100 岁，甚至可以活到 120 岁了。我在人生前三分之一的时光里活得随心所欲，我想这已经够了。从现在开始，我要过与以前不同的生活。就这样，我偶然地遇到了可以改变自己的机会，一边学习金钱的知识，一边读着白手起家的富翁们写的书，像一个孩子一样去模仿他们。

正如书中所说，开始打工，以获得主要收入来源；腾出空房间，用于赚兼职收入；节约餐费；学习股票。我不再像以前那样躺在床上幻想去虚度时光，现在的我甚至连零碎的时间也格外珍惜，想要利用它们去做一些什么。我无法放下写作，这让我忙得不可开交。我把房间都让给了房客，而自己在客厅的一个角落划了一小片区域给自己住。有一天，我在对着电脑工作时，心想，这样下去的话我可能还没去瑞士就一命呜呼了吧。但是人生比我想象的要长，死亡对我来说就像阿尔卑斯山一样遥远。

过了一年之后，我觉得我跟以前相比完全变了一个人。账户上攒的钱比我以前所有的钱都多，我的书柜里也多了很多我以前连看都不会看的书。脑海里有了很多新的想法，也见到了各种职业的人。在和别人的对话中，也可以聊和以前完全不同的主题了。


就像选择去瑞士度过我人生的最后时光一样，我有时会想，也许我们可以选择新生。每年1月1日，即使我们大喊着"Happy New You（很高兴迎来新的你）"，可也还是用相同的想法、相同的方式生活。以前的我，将"人绝对不会变"这句话当作挡箭牌，对钱也是无条件地讨厌。

谈东论西，又回到了钱的话题。钱让我感受到了新生，以一种全新的语言、全新的故事让我和全新的世界相遇。这就是我在过去的一年"掉进了钱眼"，并且坚持下去的原因所在。

"New day new you！"

希望大家都能在自己选择的世界里获得新生。相信自己。

2020 年 10 月 写于富川

金艺谙

全国总经销

**捧读文化**
触及身心的阅读

出 品 人　张进步　程　碧

责任编辑　姜朝阳
特约编辑　孟令堃
封面设计　陈旭麟 @AllenChan_cxl